プロセス・オブ・UI/UX

UXデザイン 編

UX

実践形式で学ぶリサーチから
ユーザー調査・企画・要件定義・改善まで

桂信／株式会社エクストーン 著

SE
SHOEISHA

本書内容に関するお問い合わせについて

本書に関する正誤表、ご質問については、下記のWebページをご参照ください。

正誤表
https://www.shoeisha.co.jp/book/errata/

書籍に関するお問い合わせ
https://www.shoeisha.co.jp/book/qa/

インターネットをご利用でない場合は、FAXまたは郵便にて、下記にお問い合わせください。電話でのご質問は、お受けしておりません。

〒160-0006　東京都新宿区舟町5　（株）翔泳社 愛読者サービスセンター係

FAX番号　03-5362-3818

※ 本書に記載されたURL等は予告なく変更される場合があります。

※ 本書の出版にあたっては正確な記述につとめましたが、著者や出版社などのいずれも、本書の内容に対してなんらかの保証をするものではなく、内容やサンプルに基づくいかなる運用結果に関してもいっさいの責任を負いません。

※ 本書に記載されている会社名、製品名はそれぞれ各社の商標および登録商標です。

はじめに

　私が代表を務めている株式会社エクストーンでは、さまざまなサービスのUI/UXの検討や開発・運用を行っています。扱っているプロジェクトは、ニュースやポイントサービス、マンガ、ラジオ、MaaS、IoT、ヘルスケア、CtoC、出産、育児など、その種類は多岐にわたります。

　ご相談をいただいた企業をヒアリングしていくと、それぞれサービスの性質や目標、課題などの状況が違い、毎回同じプロセスで進行してもうまくいきません。そのため、それぞれのプロジェクトにとって最もいい結果を生むプロセスを選択していく必要があります。

　現代において、UI/UXデザインは、製品やサービスの成功において必要不可欠な要素となっています。UI/UXデザインを学ぶ方法は、書籍やインターネットなど多くの手段がありますが、いざプロジェクトで実践してみると、うまくいかずに悩んでいる方が多く、決め手に欠けてプロジェクトが行き詰まる光景をよく目にします。この原因は、知識としてのUI/UXと、実践としてのUI/UXは大きく違うからです。

　そこで本作では、読者の皆様をプロジェクトメンバーに加えて架空のプロジェクトを立ち上げます。私たちが現場で行っている実践的なプロセスに沿ってプロジェクトを進めながら、UI/UXの基礎知識はもちろん、よりUI/UXの質を高めるためのノウハウを解説していきます。

　本作は「UX編」と「UI編」の2分冊の構成になり、本書はその「UX編」になります。

　UX編では、架空のプロジェクトに対するリサーチやユーザー調査などを行い、そこから得られた課題や洞察をもとに企画やコンセプトを検討し、それを実現するために必要な機能の要件定義を行うことをゴールとします。

　UI編では、UX編で定義された要件をもとに、UIの設計とデザインを行っていきます。このUX編を読んでいただき、ご興味が湧いたら、ぜひUI編も手にとっていただければ幸いです。

2024年4月
株式会社エクストーン　桂信

CONTENTS

はじめに 003

INTRODUCTION

UI/UXとは？ 010
UX（User Experience） 010
UI（User Interface） 011
UI/UXを考える 011
さまざまなアプローチとUI/UXの普及 012

ニュースアプリを作ろう 014
オリエンテーション 014

大きな検討テーマを整理する 016
ゴールと利用されるストーリーの関連性 016

各課題の優先度とアプローチを整理する 018
課題❶：どうすれば、私たちのニュースアプリを
　　　　インストール、起動してもらえるか？ 018
課題❷：どうすれば、多くのニュースを見てもらえるか？ 018
課題❸：どうやってMy Channelの他のサービスへ誘導するか？ 018
課題❹：どうやってMy Channelの他のサービスを
　　　　利用してもらえるようにするか？ 019
課題の優先順位づけ 019

プロジェクト計画 020
プロジェクトの検討プロセス 020
インプットとアウトプットを繰り返しながらゴールに進む 021
スケジュール 022

CHAPTER 1 リサーチ　　　024

1 インプットからスタート 026
知識の質と量は、そのままプロジェクトの質に影響する 026

人の周囲の情報にも着目する ……………………………………… 028

② 企業リサーチ ………………………………………………………… 029
プロジェクトチーム内の「価値観の共有」の重要性 ……………… 029
オリエンテーションの内容の確認 ………………………………… 030
① 企業のWebサイトを見る ………………………………………… 030
② 担当者に聞く ……………………………………………………… 031

③ 前提知識の強化 ……………………………………………………… 034
今回必要な事前の知識 ……………………………………………… 034
ビジネスモデル ……………………………………………………… 034
送客したい他のサービス …………………………………………… 036

④ マーケットリサーチ ………………………………………………… 038
プロジェクトのマーケット状況 …………………………………… 038
デスクトップリサーチ ……………………………………………… 038
ニュースアプリに関する調査結果 ………………………………… 039
調査結果からヒントをピックアップする ………………………… 045

⑤ 競合リサーチ ………………………………………………………… 047
先駆者を分析してヒントを得る …………………………………… 047
アプリの分析のステップ …………………………………………… 047
「Yahoo!ニュース」の分析 ………………………………………… 048
分析結果 ……………………………………………………………… 064
競合を分析することでスタートラインを上げる ………………… 066
第一線で活躍するUI/UXデザイナーから学ぶ …………………… 066

CHAPTER 2 ユーザー調査 068

① ユーザー調査とは ………………………………………………… 070
ユーザー調査の種類と目的 ………………………………………… 070
定性調査と定量調査 ………………………………………………… 070
探索型の定性調査 …………………………………………………… 071
仮説を検証するための定性調査 …………………………………… 071
客観的な視点を得るための定量調査 ……………………………… 072
ユーザビリティ検証のための定性調査 …………………………… 072
定性調査と定量調査の使い分け …………………………………… 073

2 着想を得るための定性調査 074

基本的な流れ 074

❶ 調査の目的と明らかにしたいことの整理 075

❷ 被験者要件の定義 076

❸ 事前アンケートの作成 078

❹ インタビュー内容の策定 082

❺ 被験者の招集と選定 087

❻ 事前確認 089

❼ リハーサル 089

❽ インタビューの実施と振り返り 091

被験者① 宮崎みどりさん（子育てしながら働く女性） 093

被験者② 山下弘さん（定年間近の男性） 099

❾ インタビュー結果の分析 104

CHAPTER **3** 企画 108

1 ペルソナの定義 110

ペルソナとは？ 110

ペルソナを作る目的と効果 111

ペルソナの作り方 111

ペルソナを作る 113

2 企画の検討方法 116

「企画」とは？ 116

アイデアを出すためのアプローチ 116

今回は「①ユーザー調査の結果をもとにした検討」を実施 117

3 ニュースアプリへの不満を解決するアイデアの検討 119

インタビューで得られた洞察 119

洞察を分析する 119

記事を後で見返せるための保存機能
もしくは閲覧した記事の検索機能の検討 120

ユーザーによる明示的なアクションが必要な方法での検討 123

ユーザーによる明示的なアクションが不要な方法での検討 125

ニュースアプリへの不満を解決するアイデアの検討結果 130

4 ユーザーの行動の利便性を向上させるアイデアの検討 ········· 131

インタビューで得られた洞察 ··· 131
ユーザーの行動を整理する ·· 131
カスタマージャーニーとは？ ·· 131
カスタマージャーニーを作る目的と効果 ···························· 132
カスタマージャーニーの作り方 ·· 132
カスタマージャーニーを作る ·· 135
改善すべきポイントを整理する ·· 142
解決策のアイデアを考える ·· 142

5 ニュース動画を活用したアイデアの検討 ······················· 150

インタビューで得られた洞察 ··· 150
共通項を見つけて仮説を作る ·· 150
関連している調査結果を振り返る ······································ 151
抽象度を上げて共通項を見つける ······································ 151
UI/UXの心理学を活用したUIづくり ·································· 153

6 アイデアの受容性検証 ··· 156

アイデアが有効かを確認するための調査 ······························ 156
調査の目的と明らかにしたいこと ······································ 156
インタビュー内容の定義 ··· 157
インタビュー結果と分析 ··· 160

7 アイデアの選定 ·· 162

Ⓐ 一度見た記事の保存や履歴の活用による記事の再利用の強化 ········ 162
Ⓑ 記事を見た後のユーザーの行動の
　　利便性向上のための記事の関連情報や機能の強化 ················· 163
Ⓒ ショート動画を活用した受動的なニュースメディア ················ 164

8 コンセプトの定義 ·· 166

コンセプトの役割 ··· 166
コンセプトの作り方 ··· 167
コンセプトワードのポイント ·· 168
ニュースアプリの提供する価値と、
　　それを実現するための機能・要素を考える ························· 169
コンセプトワードを作る ··· 172

9 UI/UXの方針 ··· 174

UIを検討する前にUI/UXの方針を決める ··································· 174

CHAPTER 4 要件定義 176

1 要件の洗い出し ··· 178

UIを検討するために必要な要件定義 ··· 178

要件を正しく洗い出すことでUI/UXの精度を上げる ·················· 178

2 オブジェクト指向UIとタスク指向UI ······································· 180

オブジェクト指向UI ··· 180

タスク指向UI ··· 181

オブジェクト指向UIとタスク指向UIを使い分ける ···················· 181

3 ストーリーからの要件の抽出 ··· 183

ストーリーから機能やコンテンツを洗い出す ···························· 183

ストーリーから要件を定義する ·· 184

4 要件定義 ··· 188

基本機能 ··· 188

My Channel連携 ·· 192

ワイヤーフレームやデザインの検討は「UI編」で ···················· 194

CHAPTER 5 リリース後のUI/UXの改善プロセス 196

1 リリースしてからがスタート ··· 198

リリースしてから始まる本格的なプロモーション ······················· 198

改善と施策の継続的な実施 ·· 199

2 データ分析 ··· 200

KGI／KPI ··· 200

アクセス解析 ··· 203

マジックナンバー ·· 204

3 A/Bテスト ··· 205

実際にユーザーに触れてもらって比較する ······························ 205

A/Bテストで仮説を検証する ……………………………………………………… 205

④ ユーザビリティテスト ………………………………………………………… 207
実際に操作しているところを観察する ………………………………………… 207

⑤ ヒューリスティック評価／エキスパートレビュー ……………………… 210
UI/UXの専門家による評価 ……………………………………………………… 210
ヒューリスティック評価 ………………………………………………………… 210
エキスパートレビュー …………………………………………………………… 212

⑥ ワークショップ …………………………………………………………………… 216
運営者の考えを整理するワークショップ ……………………………………… 216
ワークショップで大切なこと …………………………………………………… 222

⑦ 改善かリニューアルか …………………………………………………………… 224
リニューアルをするタイミング ………………………………………………… 224
リニューアルは運営者の都合でありユーザーが離れるリスクがある ……… 224
システムが複雑化している時はUI/UXを見直すタイミングの1つ ………… 225
段階的なリニューアル …………………………………………………………… 225
ベストなリニューアル計画 ……………………………………………………… 227

おわりに …………………………………………………………………………… 228

INDEX …………………………………………………………………………… 236

UI/UX とは？

UI/UXは、「UI」と「UX」という2つの言葉から成り立っています。UIはユーザーインターフェイス（User Interface）、UXはユーザーエクスペリエンス（User Experience）の略称です。UXのほうが広い意味を持つので、UX、UIの順番で説明します。

UX（User Experience）

ユーザーエクスペリエンスとは、「ユーザーが製品やサービスの利用を通して得られる体験」を指しており、「ユーザー体験」とよく言われます。

このユーザー体験は、ユーザーがその製品やサービスを利用することで生まれる「楽しい」「うれしい」「美しい」という感情や、「他社の製品より使いやすい」「見やすい」といったサービスの質、さらにはサービスに抱く印象など、ユーザーがその製品やサービスを通して感じたすべての体験を指します。その体験の範囲は、利用前の体験、利用中の体験、利用後の体験、そして、ユーザーが製品やサービスを知ってから忘れるまでの総合的な体験を指しています[*]。

*参考：「USER EXPERIENCE WHITE PAPER」
https://experienceresearchsociety.org/wp-content/uploads/2023/01/UX-WhitePaper.pdf

UI（User Interface）

　ユーザーインターフェイスとは、ユーザーが触れる画面、つまりアプリや Web サイトなどのユーザーが実際に操作する画面を指します。画面内の色やフォント、形状などのデザインや、ボタンや文字、画像などのレイアウトなど、ユーザーの視界に入ってくるすべての情報を指します。

UI/UX を考える

　ユーザーがアプリや Web サービスを利用する体験において、その接点となるのは UI です。そのため、UI は UX の一部の要素と言えます。この UX と UI という2つの要素は、UI から構成されるアプリや Web サービスを作る際には、切っても切れない関係性です。

　そのため、アプリや Web サービスの企画を考える時に「UI/UX を考える」と言います。

　UI/UX においては、「User Experience」と「User Interface」の両方に入っている「User」という言葉に象徴されるように「人」を中心に考えることが大きな特徴です。

　製品やサービスを考える時に、技術やコスト、ビジネスなどさまざまな視点があります。それぞれの視点で企画を検討していくと、異なる価値観での検討となるため別々の企画が生まれます。製品やサービスを検討する際に重視していることは、それぞれの視点で大きく異なっているはずです。

　UI/UX を軸に考える際は、その製品やサービスを利用する「人」を中心に考え、「答えはそれを利用する人の中にある」と捉えることが基本です。UI

のユーザビリティの向上だけではなく、ユーザーと企業、ユーザーとサービスの間で行われるあらゆるやり取りにおいて、付加価値の高いユーザー体験を設計することを目指します。

さまざまなアプローチとUI/UXの普及

　この「人を中心に考える」というアプローチは、決して新しいものではありません。利用する人を中心におく思考法に「デザイン思考（Design Thinking)」や「人間中心設計（Human Centered Design)」などが昔からあります。「UX」という概念が初めて世の中で言及されたのは、D.A. ノーマン著の『誰のためのデザイン？（認知科学者のデザイン原論）』と言われています。この本が刊行されたのは1990年、実に30年以上前のことです。

　私がこの仕事を始めた2005年から「ユーザー中心に考える」ことは、私自身や周囲の方々の中では、当たり前のように行われてきました。ただ、その頃のWebサービスは、技術的にもまだ発展途上だったため技術やコンテンツを中心に検討されていた印象が強く、必ずしもユーザー中心に考えられてはいませんでした。「この技術があるからできることを考えてみよう」「このコンテンツをどうすれば展開できるかを考えよう」といったイメージです。

　それが大きく変わったのは、やはり2007年1月に発表されたAppleのiPhoneの登場が大きかったのではないでしょうか。

歴代のiPhone

　iPhoneの登場は、私たちの生活を大きく変えました。iPhoneのハードウェアやソフトウェア、コンテンツ配信、デリバリー、サポートに至るまで、すべてが今まで見たことがなかった洗練された世界でした。そのすべてのプロセスの中心に置かれていたのは、常に「人」でした。その結果、iPhoneは、私たちに感動と便利さを感じさせることに成功し、多くのファンを獲得して

爆発的に普及しました。その影響で、製品やサービスを利用する時だけではなく、前後のユーザー体験（「UX」）も含めてデザインするべきであるという考え方が広まり、広義の意味でのデザイン（装飾としてのデザインではなく設計としてのデザイン）が、ビジネスシーンでも重要視され始めていきました。そして、iPhoneやその後に登場したAndroidも、ユーザーが直接画面を触って操作することがその大きな特徴だったため、「UI」の重要性が増していきました。

　そのため、アプリやWebサイトのデザインを検討する際の言葉として「UI/UX」が普及していきました。この「UI/UXを考える」時に、多くの手法や考え方があります。本書では、それらを架空のプロジェクトを通して解説していきます。あなたもプロジェクトメンバーの一員として、本書でUI/UXを一緒に考えていきましょう。

POINT

UI/UX検討のポイント
- UI/UXの検討においては、製品やサービスを利用する「人」を中心に考える
- 「答えはそれを利用する人の中にある」と捉えることが基本的な思想

INTRODUCTION
ニュースアプリを作ろう

　ニュースアプリを作る。これが、本書で実践する架空のプロジェクトのテーマです。

　なぜ、ニュースアプリかというと、きっと本書を読まれている方の多くが慣れ親しんだアプリの1つであり、ニュースアプリのUI/UX検討は多くの方にとって想像しやすいのではないかと感じたためです。本書を読まれている多くの方のスマートフォンにも、少なくとも1つはニュースアプリが入っているのではないでしょうか。現在、移動時間にニュースアプリで最新のニュースを見たり、PUSH通知で速報を知ったりと、多くの情報をニュースアプリから得ている人が多くいます。

　本書では、このニュースアプリをゼロから考えていきます。

オリエンテーション

　制約がないプロジェクトはなかなかないので、今回のニュースアプリのプロジェクトにおいても、いくつかの前提状況や制約を設けることにします。こちらが、クライアントから提示されたオリエンテーションの内容とします。

- 現在、My Channel というサイトを運営しており、時事ニュースはもちろんショッピングやレシピなどさまざまなコンテンツやサービスを提供しているが、認知度に課題を感じている
- ニュースは、コンテンツを持っている各媒体とすでに契約していて、そこから提供してもらっている
- My Channel というブランドの認知度を向上させ、自社のコンテンツやサービスへの来訪者を増やすために、サイトの中でも利用者が多いニュース部分を切り出してニュースアプリを提供したいと考えている
- その一方で、ニュースアプリは競合が多く、新規参入は一筋縄ではいかないと考えており、独自の機能やコンテンツが必要だと感じている
- できればアプリ内での収入も確保していきたい
- アプリの仕様策定・デザイン制作を行い、開発がスタートできるようにしてほしい
- 期間は4カ月

　自分で書きながら、なかなか難しいお題です。12月上旬に依頼を受けて年度末（3月末）までの4カ月で検討するプロジェクトは、よくあるケース

なので、そのイメージを抱いてください。

　今回は架空のプロジェクトですが、私自身もプロジェクトを楽しみながら、どのようなユーザー体験が得られるニュースアプリにすべきかを本気で検討していきます。最初の時点でゴールの形が見えているプロジェクトはほぼありません。だからこそ、どういったゴールになるのかをワクワクしながら楽しむことが大事です。そのためには、ゴールに進むための検討プロセスの設計が重要になってきます。

　プロセスの検討に入る前に、今回のオリエンテーションのポイントを整理します。クライアントからヒアリングをしたら、常に端的にまとめ直して、意識すべきポイントを明確にしていきます。

プロジェクトのポイント
- **ゴール**
  優先度① My Channel の認知度の向上
  優先度② My Channel の他のサービスへの送客
  優先度③ アプリ内の収入確保
- **ゴールを達成するための手段**
  ニュース部分を切り出してニュースアプリを展開する
- **課題**
  独自の機能やコンテンツが必要だと考えるがそれは何か
- **最終アウトプット**
  本アプリのユーザー体験
  開発会社に提供するためのアプリの仕様とデザイン
- **検討に使える期間**
  4カ月

POINT

UI/UX検討のポイント
- ヒアリングした情報は、常に端的にまとめて、ゴールや課題を明確にしていく

UX INTRODUCTION
大きな検討テーマを整理する

まずは、最初に得たポイントをもとに、検討すべきテーマを整理します。

UI/UX検討において大事なことの1つは、情報を得るたびにその情報を分析し、検討にどう活かすかを考えることです。

ゴールと利用されるストーリーの関連性

前のページで整理した「ゴール」と、このアプリをユーザーが利用する際の理想的なストーリーとの関係性を明らかにします。そのために、ユーザーの利用ストーリーをステップごとに描き、そこにゴールを紐づけてみましょう。

UX ユーザーの利用ストーリーとゴール

STEP1 ニュースアプリを起動する

STEP2 アプリ内を回遊してニュースを読む
→利用者が増えることで、広告を通して収益が上がる
（ゴールの優先度③ アプリ内の収入確保）

STEP3 ニュースを読んでいると、何かをきっかけに
My Channelの他のサービスへ誘導される
（ゴールの優先度② My Channelの他のサービスへの送客）

STEP4 My Channelが提供するさまざまなサービスを
利用するようになる
（ゴールの優先度① My Channelの認知度の向上）

こうしてみると、最も優先度が高い優先度①のゴールを達成するには【STEP4】にたどり着く必要があり、そのためにはユーザーにアプリを起動してもらってから【STEP2】と【STEP3】を順番に達成する必要があることが整理できます。

次に、各STEPを実現するためにクリアしなければいけない課題を定義します。

📕 各STEPの課題

STEP1 → ニュースアプリを起動する
課題❶：どうすれば、私たちのニュースアプリをインストール、起動してもらえるか？

STEP2 → アプリ内を回遊してニュースを読む
→利用者が増えることで、広告を通して収益が上がる
（ゴールの優先度③ アプリ内の収入確保）
課題❷：どうすれば、多くのニュースを見てもらえるか？

STEP3 → ニュースを読んでいると、何かをきっかけに
My Channelの他のサービスへ誘導される
（ゴールの優先度② My Channelの他のサービスへの送客）
課題❸：どうやってMy Channelの他のサービスへ誘導するか？

STEP4 → My Channelが提供するさまざまなサービスを
利用するようになる
（ゴールの優先度① My Channelの認知度の向上）
課題❹：どうやってMy Channelの他のサービスを利用してもらえるようにするか？

　STEPごとの課題が整理できました。この4つの課題を解決する方法を考えることが、オリエンテーションの際にヒアリングした課題である「独自の機能やコンテンツが必要だと考えるがそれは何か」を見つけることにつながりそうです。大きな漠然とした課題は、小さな課題に分解すると、検討のハードルが下がっていくのでオススメです。

プロジェクトのポイント
● 検討すべき課題の整理
　課題❶：どうすれば、私たちのニュースアプリをインストール、起動してもらえるか？
　課題❷：どうすれば、多くのニュースを見てもらえるか？
　課題❸：どうやってMy Channelの他のサービスへ誘導するか？
　課題❹：どうやってMy Channelの他のサービスを利用してもらえるようにするか？

POINT
UI/UX検討のポイント
● 情報は新しく得るたびに整理して、どう検討に活かすのか、それらの優先順位はどうあるべきか、どうアプローチして向き合うべきかを常に考える

INTRODUCTION
各課題の優先度とアプローチを整理する

　4つの課題の優先度とどうやって検討していくかについても整理していきます。もちろん、すべて大事な課題ではありますが、検討の初期段階でどこに重きを置いて考えるべきかを整理します。

課題❶：どうすれば、私たちのニュースアプリをインストール、起動してもらえるか？

検討の優先度	優先度は高い。 ユーザーがインストールや起動をする理由に、プロジェクト全体の課題である「独自の機能やコンテンツ」が大きく関係する可能性があり、重要な課題となりそうです。また、インストールしてもらうには、PRや広告による外部流入が重要になりますが、UI/UXとは別の領域になるため省きます。
アプローチ	ユーザーの求めていることを知ることが課題解決につながりそうです。「ユーザー調査」を行ってユーザーについて理解を深めたほうが良さそうです。

課題❷：どうすれば、多くのニュースを見てもらえるか？

検討の優先度	初期の段階では優先度は低い。 この課題は、アプリ内の誘導・遷移に関わる部分なので、先にどういう機能やコンテンツを提供するかを優先的に考えたほうが良さそうです。
アプローチ	課題❶と❸を検討した後に、画面の設計と一緒に検討するのが良さそうです。ただし、他社のニュースアプリが、どのようにこの課題を解決しようとしているかは参考になるはずなので「競合リサーチ」を行います。

課題❸：どうやってMy Channelの他のサービスへ誘導するか？

検討の優先度	優先度は高い。 この課題は、アプリを提供する大きな理由の1つです。他の課題にも影響するので、並行して検討するのが良さそうです。
アプローチ	まずは、「My Channelの他のサービス」を知るところからスタートし、ニュースアプリを利用するユーザーとの親和性を確認する必要があります。

課題❹：どうやって My Channel の他のサービスを利用してもらえるようにするか？

検討の優先度	初期の段階では優先度は低い。 この課題は、誘導先のサービスの内容に左右され、アプリだけで解決することが難しいため、優先度は下げても良さそうです。 また、課題❸の検討で誘導先のサービスが整理されるので、その後に検討するのがスムーズです。
アプローチ	ニュースアプリ内で、他のサービスをすべて提供するわけにはいかないので、他のサービスを利用してもらうためにニュースアプリでできることには限りがあります。 ただ、ニュースアプリが「他のサービスと連携」をすることでユーザーの利便性を向上できれば、他のサービスの利用促進につながります。よって、どう連携をしていくかを検討するのが良さそうです。

課題の優先順位づけ

こうやって整理してみると課題の優先順位が整理できました。

優先度 高	課題❶：どうすれば、私たちのニュースアプリをインストール、起動してもらえるか？ 課題❸：どうやって My Channel の他のサービスへ誘導するか？
優先度 低	課題❷：どうすれば、多くのニュースを見てもらえるか？ 課題❹：どうやって My Channel の他のサービスを利用してもらえるようにするか？

プロジェクトのポイント

検討すべき課題の優先順位は、以下の通りです。

● 優先度 高

課題❶：どうすれば、私たちのニュースアプリをインストール、起動してもらえるか？

課題❸：どうやって My Channel の他のサービスへ誘導するか？

● 優先度 低

課題❷：どうすれば、多くのニュースを見てもらえるか？

課題❹：どうやって My Channel の他のサービスを利用してもらえるようにするか？

POINT

UI/UX検討のポイント

● 課題が整理できたら、その課題に対してどうアプローチしていくのか、また、その課題の優先度を整理する

プロジェクト計画

プロジェクトの検討プロセス

　最後に、プロジェクトのプロセスを策定してきます。先ほどの各課題に対する必要なアプローチをもとに、7つのプロセスを分けてプロジェクトを進めていきます。その際に、4つの課題とどこのプロセスで向き合うのかも明確にします。では、各プロセスの概要を簡単に解説します。

① プロジェクトの背景やマーケットを知る

　このアプリをクライアントが作ることになった理由やビジネスモデルについて、理解を行います。また、具体的な検討の前に、マーケットの状況や競合サービスの戦略を調査して、UI/UX検討のヒントになる要素がないかを分析します。

② ユーザーを知る

　アプリのターゲットがどういうユーザーか、類似アプリを現在使っているユーザーはどのように使っているのかを調査します。そして、現在のアプリの課題や潜在的なユーザーの欲求を見つけて、UI/UXの検討に活かします。

③ 企画を考える

　①と②で得られた情報をもとに、本プロジェクトのゴールを達成するためのアイデアを創出して、新しいニュースアプリの企画を行っていきます。

　このステップで向き合う課題は【優先度 高】
　　課題❶：どうすれば、私たちのニュースアプリをインストール、起動してもらえるか？
　　課題❸：どうやって My Channel の他のサービスへ誘導するか？

④ ユーザーから意見をもらう

③で検討した企画を、ターゲットとなりそうなユーザーに提示し、反応を見ながら企画が受け入れられそうかを検証します。そして、企画の改善のヒントを見つけてブラッシュアップします。

⑤ UIを設計する

完成した企画をもとに、ニュースアプリで必要な機能や要素を整理して、UIの設計を行っていきます。

このステップで向き合う課題は【優先度 低】
課題❷：どうすれば、多くのニュースを見てもらえるか？
課題❹：どうやってMy Channelの他のサービスを利用してもらえるようにするか？

⑥ UIをデザインする

UIの最終的なビジュアルデザインを仕上げていきます。

⑦ 開発チームにデザインを受け渡し、サポートを行う

UI/UXの検討が完了したら、開発チームにデザインデータを渡します。開発中は必要なサポートを続けて、アプリの品質が上がるように努めていきます。

インプットとアウトプットを繰り返しながらゴールに進む

この検討プロセスを見てみると、UI/UX検討のプロセスとなる①〜⑥のうち、半分の①②④がインプットのプロセスであることがわかります。

UI/UX検討において最も大事なことは、インプットとアウトプットを繰り返して、検討や改善を続けてゴールに向かうことです。企画やデザインの仕事は、アウトプットすることに目が行きがちですが、質の高いアウトプットをするには質の高いインプットをすることがそれ以上に重要です。

質の高いインプットをし続けるためには、感度を高く持って、さまざまな情報やアプリ、サービス、人などに日常的に触れ続けることが大切です。

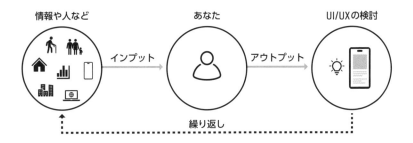

スケジュール

　①～⑥のプロセスを、スケジュールに落とし込むと、ちょうど4カ月になります。

　では、さっそく4カ月のプロジェクトを一緒に進めていきましょう。

プロジェクトのポイント

● 本プロジェクトは4カ月で、以下のプロセスで進行します
　① 背景やマーケットを知る
　② ユーザーを知る
　③ 企画を考える
　④ ユーザーから意見をもらう
　⑤ UIを設計する
　⑥ UIをデザインする

UI/UX検討のポイント

● 正しいインプットを続けることで、アウトプットの質が上がる
● インプットとアウトプットを繰り返しながらプロジェクトを進める
● 感度を高く持って、さまざまな情報やアプリ、サービス、人などに日常的
　に触れ続ける

UX

CHAPTER

1

リサーチ

SCHEDULE

1カ月目　　　2カ月目　　　3カ月目　　　4カ月目

リサーチ

企業リサーチ
マーケットリサーチ
競合リサーチ

ユーザー調査　　　　企画

準備　実施と分析　　受容性検証─コンセプト
　　　ペルソナ　カスタマージャーニー

アイデア検討

要件定義　基本設計　ワイヤーフレーム

基本機能　メニュー　全画面の設計
連携機能　構成

ビジュアルデザイン

方向性　　　　全画面の
　　　デザイン案　デザイン

　UXの検討に慣れていない頃は、いきなりどのようなアプリにするかを考え始めてしまうことがよくあります。良質なアウトプットをするには、良質なインプットをする必要があります。もし、インプットをする前に、ふと出てきたアイデアがあれば、それは直感としてとても大事なので後で活かせるようにメモをしておきます。まずはプロジェクトにまつわる周辺の情報を集めて分析していきましょう。

知識の質と量は、そのままプロジェクトの質に影響する

　人の作業スピードや質は、その人が持っている知識の質と量が大きく影響します。いろいろな人と仕事をしていると、質の高い情報を多く持っている人ほど、アイデアの引き出しが多く、話している内容に説得力があることがわかります。プロジェクトを考えるのは人なので、プロジェクトメンバーが持っている知識の質と量は、そのままプロジェクトのスピードや質に大きく

影響します。具体的には、プロジェクトメンバーから出てくるアイデアの質と量、判断の正確性、そしてそれらを実行していくスピードに違いが出てきます。

　1人の知識の量には限界があるので、プロジェクトメンバー同士で自分の知識や調べた知識を共有し、お互いの知恵を出し合っていくことが大切です。私たちの会社の場合は、1つのプロジェクトあたり最低4〜5人でチームを作り、クライアント側のチームと一緒に共同で検討を進めることで質を高めています。

　新しいプロジェクトの場合、誰もその分野に精通していない場合もあるので、プロジェクトの最初にインプットのためのリサーチを行う必要があります。最初の段階にリサーチを行うことには、大きく2つの理由があります。

① 自分の持っている情報量や感性を過信しない

　世の中には、最低限の情報を聞いただけで何をすべきかが瞬時に頭の中で整理されて、自身の中から素晴らしいアイデアがどんどんと湧き出る人がいますが、それはその人が豊富な知識量を元々有しているからです。

　ほとんどの人の場合は、いきなり素晴らしいアイデアは出てきません。そのような時は、自分の持っている情報量や感性を過信せずに、丁寧に情報を集めていくことが、質の高い検討やアウトプットをしていく上で有効です。

② プロジェクトに対する理解が深まる

　「ニュースアプリ」と急に言われても、どんなニュースアプリがあるかくらいは知っていても、それ以上のことはほとんどの人が知りません。それぞれのニュースアプリにどういう特徴があって、どういう戦略があるのかといったことはもちろん、ニュースアプリはどれくらいの人がどれくらいの頻度で使っているのかなどといった統計的な情報を知ることで、自分たちのプロジェクトが置かれている状況を客観的に理解することや質の高い検討をすることにつながっていきます。

　プロジェクトに、強い興味を持ち深く知ろうとすることが、サービスを設計する上でとても大切です。

　ニュースアプリは想像しただけで競合だらけの印象ですが、なぜそのような競合のジャンルにわざわざクライアントは参入するのでしょうか。客観的に見たら疑問が湧きますが、きっとそこには企業の大きな狙いがあるはずです。

企業を知る、それもとても大切なことの1つです。それはクライアントであっても、自社の企業であっても同じことです。そのサービスを立ち上げる意味をしっかりと理解することが、プロジェクトの途中で発生するさまざまな判断をする時に役立ちます。

人の周囲の情報にも着目する

　ここまで読んで「えっ？ ユーザーについてたくさん考えるんじゃないの？」と思った人もいるかもしれません。サービスの中心はあくまで「人」ですが、その周囲には、多くの要素が存在します。その周囲の情報を最初の段階に知っておくことで、その中心にいる「人」がより鮮明になっていくので、これもまた重要なプロセスです。

POINT

UI/UX検討のポイント
- プロジェクトが持っている知識の質と量は、そのままプロジェクトの質に影響する
- 自分の感性や直感力を過信せずに、プロジェクトに必要な情報を集める
- プロジェクトやプロジェクトの周辺の状況に対する理解を深めることで、正しい判断ができるようになる

1 2 企業リサーチ

プロジェクトチーム内の「価値観の共有」の重要性

企業の狙いを知る

どのようなプロジェクトであっても、そこには必ず企業の狙いというものが存在します。つまり、その企業がそのプロジェクトを進めることに対してGOを出した理由です。

サービスは、立ち上げる時もリリースした後も、大きなお金がかかります。そのため、その会社内でそのプロジェクトを進めるために、その企業の上層部の方々によって承認が行われています。

自社のプロジェクトの場合は、GOとなった理由は知っているはずですが、問題なのは、クライアントから依頼を受けてプロジェクトの検討をする場合です。そのような内部事情は知る由がありません。

価値観の共有をすることでお互いのことを理解する

なぜ、このプロジェクトが承認されたのかを知る必要があるかというと、それは、相手との「価値観の共有」です。この相手とは、このプロジェクトに関わるクライアント側のメンバーです。企業ごとに価値観が存在するので、違った価値観同士がいきなり入って一緒に仕事をするのは難しい場合があります。

共通の価値観を持つことで、相手が言っていることの背景や理由をよく理解できます。急に入った私たちが、相手の話に疑問を感じるようなことも、価値観が共有できていれば理解できます。そのために、まずは相手のことをよく知ることが大切です。

オリエンテーションの内容の確認

　さて、あらためて、最初のオリエンテーションの内容を振り返ってみましょう。

ゴールの優先度	優先度① My Channelの認知度の向上 優先度② My Channelの他のサービスへの送客 優先度③ アプリ内の収入確保
ゴールを達成する ための手段	ニュース部分を切り出してニュースアプリを展開する
課題	独自の機能やコンテンツが必要だと考えるがそれは何か
最終アウトプット	本アプリのユーザー体験 開発会社に提供するためのアプリの仕様とデザイン
検討に使える期間	4カ月

　知りたいのは、この内容を実施することになった理由です。そのようなことは社外秘だから知れるわけがないと思われがちですが、簡単に知るための方法が大きく2つあります。2つといってもどちらかだけではなく、両方を行うことが大切です。

① 企業のWebサイトを見る

最も手軽な情報源

　企業のWebサイトは、その企業の情報が詰まっている重要な情報源です。これを見ていない人が意外といます。プロジェクトの検討の対象が自社の製品やサービスではなく、クライアントの製品やサービスの仕事であれば、これは重要なことです。

　クライアントの仕事をするには、まず、クライアントのことを知りましょう。企業がどのような理念を持っているのか、それらの理念をもとにどのような事業を行っているのか、今の時代であれば、基本的な情報はその企業のWebサイトにすべて載っています。

企業のWebサイトで見るポイント

まずは、Webサイトを見にいきましょう。クライアントが上場企業であれば、IRのコーナーにいきましょう。そこには、必ず決算の説明資料と中期経営計画の資料があります。この2つをぜひ読んでみましょう。多くの場合はPDF形式でダウンロードできます。

IR資料と言われると、数値的なことを想像しがちで、苦手意識を持つ人も多いかと思います。もちろん、企業の経営指標を見ることも大切ですが、今回の場合は、特に見てもらいたいのは、その企業が現在どのような事業をやっているのか、もしくはどのような事業を始めようとしているのか、そして、これから3〜5年後に向けてどういうビジョンを持っていて、どういう戦略で何をしようとしているのかです。

こういった情報がインプットされると、今回相談を受けたプロジェクトが、なぜその企業で承認されて実施されることになったかが理解できます。

今回は、架空の企業のプロジェクトで、実際のWebサイトがないので、次のような情報を得たと仮定します。

UX クライアントの情報

企業概要	●インターネット回線や電気・ガスなどを提供しているインフラ事業を主としている会社 ●そこに関連する周辺サービスには力を入れており、多くのプロダクトを開発し、自社のブランド価値と顧客満足度の向上を目指している ●その一環として、古くからポータルサイトを持っており、時事ニュースなどを提供している
企業理念	●「安心と喜びを届ける」 ●日々の生活を安心して過ごせる環境と、日々の生活をより充実できるサービスを届けることで、より多くの方の暮らしをサポートしていきたい
中期計画	●現在は、インフラ事業が大きな収益源となっているが、周辺サービスやプロダクトによる収益を増やすことで、継続した成長を目指す

② 担当者に聞く

ヒアリングが最も大事な調査

相手がクライアントの場合ですが、ぜひ担当の方に聞いてみましょう。シンプルな方法ですが、意外とこれが一番です。この場合は、次のように聞くことが多いです。

「御社にとって、今回のプロジェクトは企業全体の中でどういった位置づけになるのでしょうか？ もしくは、どういった意味合いを持っているのでしょうか？」

　こう聞くと、相手の方は、必ずしっかりと説明をしてくれます。逆の立場で考えてみると、自分が相談したことに対して、相手が自分のことをきちんと理解しようとしてくれている姿勢の人に嫌な顔をする人はいません。聞いてみて、さらにそこでわからないことがあれば、その場で質問するのでもいいですし、後でその企業のWebサイトを見て確認すればOKです。

オリエンテーションの場を活用する

　とにかく相手のことを理解しましょう。本来であれば、オリエンテーションの時に多くの質問ができるとベストです。
　最初の段階でのヒアリングが、プロジェクトを正しく進めるためにとても大事なので、ぜひオリエンテーションの時に気になったことを質問してみてください。
　担当の方によっては、いきなりプロジェクトの具体的な説明をする方もいますが、この部分を最初のオリエンテーションの時にしっかりと説明してくれる方もいます。「このプロジェクトの背景としては……」と、今の会社の状況や実施に至った経緯などを説明してくれた場合は、補足程度として会社のWebサイトを確認して理解をより深めましょう。

オリエンテーションをする立場になったら

　もし、あなたがプロジェクトを依頼する側の場合は、ぜひ、オリエンテーションの際にプロジェクトの背景を説明してあげてください。そのほうが、よりよい提案をもらえたり、何より自分と同じ価値観を共有できるので、今後の議論や判断がスムーズに行えます。

今回のヒアリング結果

　さて、今回は架空のプロジェクトのため実際の担当者がいないので、ヒアリングの結果、次のような情報を得たと仮定します。

- 元々、My Channelは「お客様一人ひとりに、役立つサービスを」をコンセプトに立ち上げたポータルサイトであり、一人ひとりに対して適切なコンテンツを提供するパーソナライズ化のエンジンを強化したり、困った時や欲しい情報があった時にすぐに手に入るようにしていくことをミッションに、コンテンツを拡充し続けながら今も運営が続けられている
- 現在、Webサイトで提供しているニュースについても、ユーザーがログインしてくれていれば、エンジンがユーザーの閲覧履歴や他のサービスの利用状況をもとに、より最適なニュースを表示できるようになっている
- ただ、古くからインフラ事業を中心としていた関係で、顧客の年齢層が上がってきており、若年層の獲得が今後の企業成長には必須と考えている
- その対策をゼロから考えると、コストも時間もかかってしまうため、まずは現在すでにWebなどで展開しているコンテンツやサービスを再開発して進めていくことが会社の方針となっている
- まずは、現在のメイン顧客である50代以上の方々にも使っていただきつつ、20代～30代くらいの方々を獲得していくことを目標としたい
- 性別は偏りなく、男性・女性の双方に使ってもらいたい

これで、プロジェクトの本質的な背景を知ることができました。

プロジェクトのポイント
- クライアントは、インフラ事業を主としている企業
- 「安心と喜びを届ける」というビジョンに則り、中期的目標として、インフラ以外のサービス事業で収益を増やしていきたい
- My Channelは「お客様一人ひとりに、役立つサービスを」をコンセプトに立ち上げたポータルサイト
- ユーザーがログインしてくれることで、一人ひとりに対して適切なニュースを表示できるパーソナライズ化のエンジンを持っている
- 短期的にサービスをどんどん展開していきたいため、まずは既存コンテンツやサービスを利用しながら進めていきたい
- 現在のメイン顧客である50代以上の男女の方々と、20代～30代の男女の方々に使ってもらいたい

POINT UI/UX検討のポイント
- まず、そのプロジェクトをなぜクライアントが行うのかを正しく理解する
- 一緒にプロジェクトを進めるクライアントの価値観を知ることが、より深い理解や正しい判断へとつながる

企業リサーチ

今回必要な事前の知識

　具体的な検討や調査を行う前に、もう少しだけ事前知識のインプットを行います。これまでに得た情報のうち、最初の段階で知っていく必要がある項目が大きく2つありそうです。

　1つ目は、「ゴールの優先度③アプリ内の収入確保」という部分です。どうすれば、収入確保ができるのか、つまり、ビジネスモデルです。ニュースアプリのビジネスモデルをどう考えているのかをしっかりと知っておく必要があります。

　2つ目は、「ゴールの優先度② My Channelの他のサービスへの送客」の「他のサービス」とは何かを把握する必要があります。これを把握しておかないと、アプリに搭載する機能の検討に影響がありそうです。

　具体的な調査をする前に、上記の2点は、最初の段階で理解していたほうが、その後の検討がより有意義になることが想像できます。

　上記の2つを引き続きクライアントにヒアリングしていきます。

ビジネスモデル

　UI/UXは、ビジネスを成功させるための手段の1つではありますが、まずは、自分たちが扱うサービスのビジネスモデルについて理解をする必要があります。

　まずは収入の前に、支出について、少し理解しておきます。

　一般的にどんなWebサービスやアプリも、サービスを企画・管理などをする担当者の人件費、UI/UXの検討費用、開発費用、インフラ費用、プロモーション費用などの基本的な費用が多くかかりますが、ニュースアプリとして独自にかかるのはニュースコンテンツを買うための費用です。ニュースコンテンツを提供してくれる会社を「コンテンツプロバイダ」と呼びますが、ニュースを買い切りのコンテンツプロバイダもあれば、表示された回数に応じて支払いを求めるコンテンツプロバイダもあります。さらには、安くもしくは無料でコンテンツを提供する代わりに広告収入の分配を求めるコンテンツプロ

バイダもあります。よって、一社一社との契約を理解して、それらを管理する仕組みも必要になってきます。

　その一方で、私たちが作るニュースアプリの収入の仕組みは、主に3つあることがわかりました。

広告

　アプリは、画面上に表示するさまざまな種類の広告をユーザーがタップすることで、収入を得ることができます。ユーザーに広告をタップされる確率を考えると、基本的には多くの画面に表示されたほうがタップされる全体量が増え、より適切な位置に適切な内容が表示されたほうがタップされやすくなります。よって、ユーザーにアプリをうまく回遊してもらい、適切なタイミングで最適な広告が表示されることが大切になってきます。多くの場合は、これが収入源の多くを占めます。

継続課金

　アプリがユーザーに特別なコンテンツやサービスを提供できれば、そこに継続して課金してもらえます。ニュース系アプリであれば、「NewsPicks」「日本経済新聞 電子版」などが有料課金をしているニュースアプリです。課金をしないと見られないオリジナルコンテンツを用意して、そこに価値を感じてくれるユーザーが毎月お金を払ってくれます。

送客

　アプリ本体で収益を上げるのではなく、自社の他のサービスへユーザーを送り込み、そこでユーザーがお金を支払うようになってもらうことで会社全体の収益の増加につなげます。たとえば、動画サービスに入会してくれる、商品を買ってくれる、などです。

　今回のニュースアプリでは、クライアントにヒアリングした結果、「広告」と「送客」は必須という前提で進めます。それ以外のビジネスモデルは、UX検討と並行して検討することになりました。

送客したい他のサービス

　今回のニュースアプリのゴールでもあり、ビジネスモデルの1つでもあるのが「My Channelの他のサービスへの送客」です。現在、My ChannelがWebサイト上で提供しているサービスを調査し、そのうちニュース以外でアプリで利用できそうなサービスを整理しました。こちらが、そのサービスの一覧です。

コンテンツ	概要
天気	市区町村単位で見られる天気
乗り換え検索	電車などの乗り換え検索
占い	12星座占い
動画配信	独自ではないが他社と提携している動画サービス
ゲーム	スマホアプリを中心としたゲーム
ファッションECサイト	若年層を取り込むために20代〜30代を意識して最近始めたECサイト
日用品ECサイト	日用雑貨を扱うECサイト
食料品ECサイト	生鮮食品以外を扱う食品や飲料物を扱うサイト
辞書	わからない単語を辞書やWikipediaと連携して調べられるサイト
旅行予約	国内を中心とした旅行検索・予約サイト
不動産検索	賃貸・購入などの物件を紹介するサイト
レシピ	料理のレシピを検索できるサイト
クーポン	各種飲食店で利用できるクーポンの提供

現時点では、どのサービスに対してアプリが送客するかは決めていませんが、ニュースアプリとしては、これらのサービスへの送客や利用の促進をすることが求められていきます。これらのサービスが、アプリ側とどう連携していくかは今後の企画や要件定義の中で検討していきます。

プロジェクトのポイント
- 「広告」と「送客」を必須のビジネスモデルとする
- アプリで利用できそうなMy Channelの他のサービスについて、どのサービスへ送客するかは今後検討していく

POINT

UI/UX検討のポイント
- 事前に把握しておいたほうがいい内容、疑問に思ったことは必ず後回しにしないことが大切
- 気になったことは、すべて一度は向き合い、可能な限り把握する

1 4 マーケットリサーチ

プロジェクトのマーケット状況

　クライアントがなぜニュースアプリを作るのかを理解できたら、今度はニュースアプリが世の中でどのように使われているのかを確認していきましょう。

　マーケットの状況を調べることは、自分たちが行おうとしているプロジェクトを理解することに役立ち、今後企画を検討していく上で必要な多くのヒントを見つけることにつながる場合があります。

デスクトップリサーチ

　マーケットを調べる、と言われると、「どうやって……」と思いがちです。調査会社に依頼する方法もありますが、それだと費用がかなりかかってしまうケースがありますので、多くの場合は自分たちでインターネット上で調査を行います。

　現在、さまざまな企業や官公庁が調査を行っており、その結果をインターネット上に公開しています。有料のものもありますが、無料のものも多くあります。

　インターネットを使ってこういったものを調査することを「デスクトップリサーチ」と言います。

　たとえば、検索エンジンで「ニュースアプリ　統計」「ニュースアプリ利用状況」「ニュースアプリ　アンケート」などと検索すると、さまざまな調査結果が出てきます。それらを一つひとつ確認しながら、プロジェクトに役立つ内容がないかを見ていきます。

　インターネット上で公開されている調査結果を確認していく上でポイントは大きく2つあります。

調査の時期

　本書を執筆しているのが2023年〜2024年ですが、たとえば10年前の2013年〜2014年などの調査ですと、移り変わりが激しい現代においては、その

調査当時と現在の状況が違いすぎるので参考データとしては扱いにくいです。といっても、タイムリーにいい調査結果があるとは限りません。では、どれくらい古い調査結果ならいいのでしょうか。

　その期間内に、そのサービスに大きな影響を及ぼしそうな世の中やサービス上の大きな変化（例：新型コロナウイルス、AIの登場）や、その業界上の大きな変化（例：キュレーションメディアの増加）がある場合は、その変化が起こった後の結果が好ましいですが、そういったことがなければ、古くても3年以内のものを目安に探すようにしています。

調査結果の公平性

　調査結果というのは、ある一定の人たちに対して定量的に調査を行った結果です。そのため、誰にどういう調査をしたのかが大事です。たとえば、「なんのニュースアプリを使っているのか」という質問を10人に聞いた結果と100人に聞いた結果だと結果の割合が大きく変わり、その値の信頼性の有無に関わります。また「Yahoo!ニュース・グノシー・LINE NEWSのうち、あなたが使っているニュースアプリはどれですか？」という質問であれば、候補が少なすぎないか、といった疑問が湧いてきます。こういった疑問はある程度の前提知識が必要ですが、多くの調査結果を見ていくことで自然と判断ができるようになります。

ニュースアプリに関する調査結果

　さて、今回は実際に調査してみて、役に立ちそうな調査内容を見つけたので記載していきます。公開されている次の2つの調査結果をもとに、マーケット状況をまとめていきます。

- ●「2021年 モバイルニュースアプリ市場動向調査」ICT総研
  https://ictr.co.jp/report/20211220.html/
- ●「令和4年度 情報通信メディアの利用時間と情報行動に関する調査」総務省
  https://www.soumu.go.jp/iicp/research/results/media_usage-time.html

ニュースアプリの人口

2021年3月末は5,671万人。その後の成長は鈍化傾向にあると予測されています。

アプリを利用せずにWebサイトを使っている人は3,442万人でした。

出典：ICT総研

アプリに掲載されている媒体・記事数

SmartNewsの量は圧倒的で、媒体数は2位の約2.7倍となる3,000媒体、記事数は2位の約3.9倍となる34,104件となっていました。

提携媒体数は、1位SmartNews、2位LINE NEWS、3位Googleニュース、4位Yahoo!ニュース、5位グノシーでした。

掲載記事数は、1位SmartNews、2位Googleニュース、3位Yahoo!ニュース、4位LINE NEWS、5位グノシーでした。

UX **ニュースアプリの提携媒体数と掲載記事数**　　出典：ICT総研（2021年）

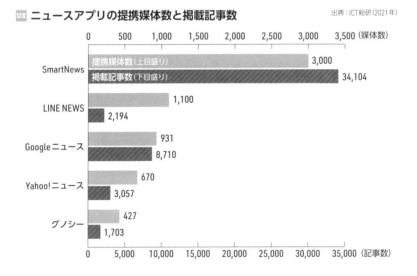

利用されているニュースアプリ

「Yahoo!ニュース」「SmartNews」が2強です。続いて「LINE NEWS」、その次に「グノシー」「Googleニュース」が続きます。

モバイルニュースアプリ、ニュースサイトの利用率

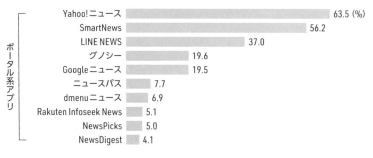

ポータル系アプリ

Yahoo!ニュース	63.5 (%)
SmartNews	56.2
LINE NEWS	37.0
グノシー	19.6
Googleニュース	19.5
ニュースパス	7.7
dmenuニュース	6.9
Rakuten Infoseek News	5.1
NewsPicks	5.0
NewsDigest	4.1

新聞系アプリ

日本経済新聞電子版	10.0
読売新聞オンライン	6.3
朝日新聞デジタル	6.0
毎日新聞ニュース	4.1
産経プラス／産経電子版	3.3

「Webサイト版」と「アプリ版」の両方があるものは
「アプリ版」について質問を実施
出典：ICT総研(2021年)

ニュースアプリの満足度

トップは、ポータル系は「Yahoo!ニュース」、新聞系は「日本経済新聞 電子版」です。

モバイルニュースアプリの満足度

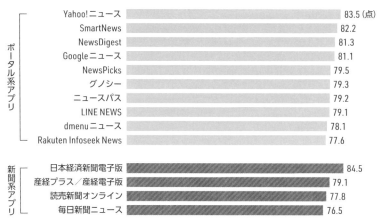

ポータル系アプリ

Yahoo!ニュース	83.5 (点)
SmartNews	82.2
NewsDigest	81.3
Googleニュース	81.1
NewsPicks	79.5
グノシー	79.3
ニュースパス	79.2
LINE NEWS	79.1
dmenuニュース	78.1
Rakuten Infoseek News	77.6

新聞系アプリ

日本経済新聞電子版	84.5
産経プラス／産経電子版	79.1
読売新聞オンライン	77.8
毎日新聞ニュース	76.5

「満足」＝100点、「どちらとも言えない」＝50点、「不満」＝0点として算出　出典：ICT総研(2021年)

ニュースアプリの男女比率

　ビジネス系のニュースアプリでは男性比率が最大7割近くまで大きくなる傾向があります。

UX 男性比率・女性比率の高いニュースアプリ

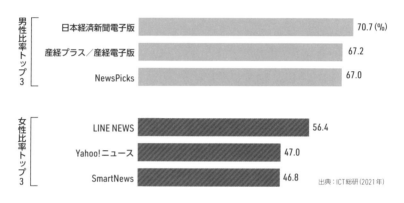

男性比率トップ3
- 日本経済新聞電子版 70.7 (%)
- 産経プラス／産経電子版 67.2
- NewsPicks 67.0

女性比率トップ3
- LINE NEWS 56.4
- Yahoo!ニュース 47.0
- SmartNews 46.8

出典：ICT総研（2021年）

新聞とニュースサイト／アプリの利用状況

　総務省のデータ調査結果 を見ていくと、新聞やニュースサイト、ニュースアプリの利用状況おいて、いくつか傾向があることがわかりました。
　まずは、利用しているニュースの媒体を年代別で見てみると、次のような傾向がありました。

- Yahoo!ニュース、Googleニュースなどのポータルサイト／アプリは、30代〜50代がボリュームゾーン
- SmartNews、グノシーなどのキュレーションサービスは、20代〜60代の間ではそこまで大きな変化はない

さらに、年齢を重ねていくと次のような傾向があることがわかりました。

- 紙の新聞の利用が多くなる（30代で20.4%に対して60代だと67.6%）
- 新聞社のニュースサイトの利用割合がわずかに増える傾向がある
- LINEなどのソーシャルメディアによるニュースサービスは、減少傾向（20代だと65.9%なのに対して、60代だと37.5%）

また、利用しているニュースサービスのうち、最も利用しているニュースサービスの10年間の変遷を全年代で見ていくと、次のような傾向がありました。

- ●紙の新聞が大きく減少傾向（59.3%→18.0%）
- ●各ニュースサイト／アプリは、増加傾向だが、この数年は鈍化傾向

UX 最も利用しているニュースサービスの推移

	紙の新聞	新聞社の有料ニュースサイト	新聞社の無料ニュースサイト	ポータルサイトによるニュース配信	ソーシャルメディアによるニュース配信	キュレーションサービス	いずれの方法でも読んでいない
2013年度	59.3	0.3	1.9	20.1			18.3
2014年度	48.5	0.3	1.5	31.6	2.9	2.3	12.8
2015年度	41.9	0.7	1.7	35.0	6.5	3.3	10.9
2016年度	37.3	0.5	1.3	34.7	14.4	3.0	8.9
2017年度	35.9	0.7	1.2	35.7	15.7	2.7	8.1
2018年度	30.7	0.5	1.7	38.1	16.4	5.4	7.2
2019年度	28.5	0.7	1.6	40.3	17.7	5.1	6.0
2020年度	20.4	0.7	2.7	44.9	17.5	6.5	7.5
2021年度	18.4	0.9	2.2	46.5	17.9	6.4	7.4
2022年度	18.0	0.9	2.1	47.0	18.7	6.5	6.7

(%)　　　　　　　　　　　　　　　　　　　　　　　　　　　　　　出典：総務省（2022年）

※「ポータルサイトによるニュース配信」……Yahoo!ニュース、Googleニュースなど
　「ソーシャルメディアを運営する企業が提供するニュース配信」……LINE NEWSなど
　「キュレーションサービス」……SmartNews、グノシーなど

※「令和4年度 情報通信メディアの利用時間と情報行動に関する調査」（総務省）

⋮ メディアの使い分け

さらに、メディアの使い分けについて次のような傾向があることがわかりました。

「世の中のできごとや動きを知る」ために利用するメディア

- 60代以上から急激にインターネットよりもテレビを利用する傾向がある
- メディアの信頼性については、テレビが20代以外の世代では最も強く感じられており、インターネットは50代以上になると大きく低くなる傾向がある

UX いち早く世の中のできごとや動きを知る時に利用するメディア

	テレビ	ラジオ	新聞	雑誌	書籍	インターネット	その他
全年代	37.3	0.8	1.3	0.0	0.1	60.1	0.4
10代	24.3	0.0	0.0	0.0	0.0	75.0	0.7
20代	20.3	0.0	0.5	0.0	0.5	77.9	0.9
30代	22.0	0.0	0.0	0.0	0.0	77.1	0.8
40代	34.2	0.9	1.9	0.0	0.0	63.0	0.0
50代	47.6	1.3	2.0	0.0	0.0	49.2	0.0
60代	63.6	1.8	2.2	0.0	0.0	32.0	0.4

(%)   出典：総務省(2022年)

UX 世の中のできごとや動きについて信頼できる情報を得るメディア

	テレビ	ラジオ	新聞	雑誌	書籍	インターネット	その他
全年代	53.1	0.8	12.7	0.3	1.3	30.8	1.1
10代	55.7	0.0	10.7	0.0	0.7	32.1	0.7
20代	43.8	0.5	7.4	0.0	2.3	44.2	1.8
30代	46.5	0.8	10.2	0.4	2.4	37.6	2.0
40代	50.2	0.6	11.9	0.3	0.9	34.8	1.3
50代	57.7	1.0	16.0	0.7	0.3	24.4	0.0
60代	63.2	1.5	17.3	0.4	1.1	15.8	0.7

(%)   出典：総務省(2022年)

「趣味や娯楽に関する情報を得る／仕事や調べものに役立つ情報を得る」
ために利用するメディア

- 全般的にインターネットの利用割合が大きいが、60代以上から急激に利用率が落ち、その分、テレビ・新聞・書籍が増える傾向がある

UX 趣味や娯楽に関する情報を得るメディア

	テレビ	ラジオ	新聞	雑誌	書籍	インターネット	その他	その種の情報は特に必要ない
全年代	15.6	0.4	0.7	4.0	1.0	75.4	0.8	2.1
10代	6.4	0.0	0.0	2.1	0.0	90.7	0.0	0.7
20代	5.5	0.0	0.0	1.8	0.0	90.3	1.4	0.9
30代	7.3	0.0	0.0	1.2	0.4	88.6	0.0	2.4
40代	13.8	0.0	0.0	3.4	0.0	79.6	0.9	2.2
50代	16.6	1.6	1.0	4.6	2.0	71.7	0.3	2.3
60代	36.8	0.4	2.9	9.2	2.9	43.0	1.8	2.9

(%)   出典：総務省（2022年）

UX 仕事や調べものに役立つ情報を得るメディア

	テレビ	ラジオ	新聞	雑誌	書籍	インターネット	その他	その種の情報は特に必要ない
全年代	3.3	0.1	1.3	0.8	5.8	84.9	1.0	2.8
10代	0.7	0.0	0.0	0.7	7.1	87.9	0.0	3.6
20代	1.8	0.0	0.5	0.5	5.1	90.3	0.9	0.9
30代	1.6	0.0	1.2	0.4	4.9	89.0	0.4	2.4
40代	1.9	0.0	0.6	0.9	4.4	89.0	0.9	2.2
50代	4.6	0.3	1.6	1.0	4.9	84.7	0.3	2.6
60代	7.7	0.4	2.9	1.1	9.2	70.6	2.9	5.1

(%)   出典：総務省（2022年）

　以上が、デスクトップリサーチで得られた調査結果です。

調査結果からヒントをピックアップする

　今回のデスクトップリサーチでは、2つの公開されている調査結果を利用しました。実際に見てみると、このプロジェクトを取り巻く環境を理解することに役立つ情報や、ニュースアプリを利用するユーザーの特徴など、今後の検討のヒントになりそうな情報を多く見つけることができました。これらの情報を、知っている状態で検討するのと知らない状態で検討するのとでは、その検討の質に大きな差が出そうです。このように、一つひとつ必要なインプットをしながら、プロジェクトを進めていきます。また、公開情報によっては生データも公開されているので、それを使ってさらに詳しく分析するこ

ともできます。

　調査した結果のうち、役に立ちそうな情報は端的にまとめておき、今後の検討の中で振り返りやすくしておきます。

プロジェクトのポイント
デスクトップリサーチから得られたこと
- ニュースアプリは現在6,000万人規模の利用者がいるが、成長率としては鈍化傾向
- よく利用されているニュースアプリは「Yahoo!ニュース」「SmartNews」が2強。続いて、「LINE NEWS」、その次に「グノシー」「Googleニュース」が続く
- 媒体数と記事数の量では、SmartNewsが圧倒的に1位
- ビジネス系のニュースアプリは、男性比率が最大7割まで増える傾向にある
- 紙の新聞は、年齢層が高くなればなるほど利用されているが、全体としては減少傾向
- ニュース系の情報を取得するメディアとしては、テレビの信頼性が最も強い
- 50代以下と比べた60代以上の特徴として、ニュース系の情報を取得するメディアとしてのインターネットの信頼性が減少し、趣味や娯楽に関する情報や仕事や調べものに役立つ情報についても、全般的にインターネットの利用割合が大きいものの60代以上から急激に利用率が落ち、その分、テレビ・新聞・書籍が増える傾向

UI/UX検討のポイント
- 自分が関わるプロジェクトのマーケットについてリサーチし、どういう傾向や特徴があるのかを理解する

先駆者を分析してヒントを得る

　ニュースアプリのマーケットの状況や傾向が理解できたら、最後は実際に
そのマーケットの中で展開している他のニュースアプリを分析していきましょ
う。これは、先駆者が考えていることや行っていることを分析することで、
サービスの設計をする上で考慮すべき事項やヒントになる要素を手に入れる
ことが目的です。

　分析の対象は、先ほどのデスクトップリサーチの結果を参考にして、「Yahoo!
ニュース」を分析します。本来は、最低でも上位3つを対象に分析してみる
ことがベストですので、実際のプロジェクトでは複数の対象を分析してみて
ください。

　今回の競合リサーチは、他のアプリを分析する時に、私がよく行っている
方法で行います。

アプリの分析のステップ

STEP1 　アプリのストアを見る

　App StoreもしくはGoogle Playのそのアプリの画面にアクセスして、ス
トア画像と掲載されている文章の確認を行います。

　アプリにとって、ストアとはそのアプリの一番の宣伝の場所です。多くの
場合、アプリの提供者は、そこでアプリの売りとなるポイントを伝えてダウ
ンロードしてもらうための後押しをしたいと考えています。よって、ストア
でそのアプリがどう表現されているかを確認することが、アプリの特徴やそ
の企業の戦略を知るための手助けとなります。

STEP2 　アプリを強制的に使う

　どのようなアプリもまずは使うことが大切です。1時間くらい使ってみる、
ということではなく、最低でも1週間はそのアプリを強制的に使います。そ
のアプリが考えている理想的な体験を確認するにはすべての機能を使うこと

が大切です。よって、PUSH通知などの機能もすべてONにして、アプリをユーザーに起動してもらうために、そのアプリが工夫していることなどを確認していきましょう。

　また、課金する機能があるのであれば、無課金状態で一通り使った後に課金してみて、どうユーザー体験が変わるかを確認してみます。

STEP3　分析する

　STEP1とSTEP2が終わったら、そのアプリがどういう戦略で作られているかを分析していきます。

　特に大事にしているのは、「押し出しているポイント」と「利用されるストーリーと提供している機能の関係性」をまとめることです。

「Yahoo!ニュース」の分析

　では、2024年1月末時点の情報をもとに「Yahoo!ニュース」の分析を行います。

※なお、ここでの分析は、あくまでも外部からの仮説上の分析になるので、実際のYahoo!ニュースおよびヤフー株式会社とは関係がありません。

ストアに掲載されている内容からアプリの特徴を分析する

ストアの文章を確認する

　以下が、ストアにあるYahoo!ニュースアプリの冒頭に書かれていることです。

66　Yahoo!ニュースアプリの特徴
　　1. Yahoo!ニュース トピックス編集部が24時間365日、世の中の動きを見て最新ニュースを配信します。
　　2. 豪雨予報や地震速報などの防災・天気情報を通知で配信します。台風や大雨の際に便利です。
　　3. 地震速報だけでなく、重大ニュースもリアルタイムに通知。速報を逃さずチェックできます。
　　4. コメントでみんなの意見がわかり、ニュースの理解が深まります。「コメント急上昇ランキング」で話題の記事の確認も。

5. ライブ配信のニュース動画を、24時間365日いつでも見ることができます。
6. 天気予報やテレビ番組表など、あると便利な機能も満載！

こちらを見ると、時事ニュース以外ですと、以下が特徴的な要素です。

- ●防災・天気情報、地震速報
- ●記事へのコメント
- ●ニュース動画のライブ配信
- ●テレビ番組表

ストア画像を確認する

次に、ストア画像を見ていきます。画像は全部で10枚です。

特に大事なのは、冒頭の3枚です。それは、iOSのApp Storeの場合、「ニュース」などのキーワードで検索すると、ヒットしたアプリの一覧が表示されますが、縦型の画像の場合は、最初の3枚が表示されるからです。ユーザーは、

ストアの検索結果画面でアプリを比較するので、その3枚で何を伝えるかはとても大切です。すべての画像は見てもらえないので、最初の数枚は特に大切です。

　ストア画像を作る際は、こういったことも意識して作りましょう。

そういう観点で、最初の3枚を見てみると、以下が特徴的な要素です。

- ●天気・防災・地震
- ●記事へのコメント
- ●文字サイズの拡大
- ●読者が注目した箇所の共有

ストアから読み取れるアプリの特徴

　文章と画像に掲載されている内容をまとめてみると、アプリが押し出しているポイントは次の内容と言えそうです。

- ●防災・天気情報、地震速報
- ●文字サイズの拡大
- ●記事へのコメント
- ●読者が注目した箇所の共有

- ●ニュース動画のライブ配信
- ●テレビ番組表

Yahoo! JAPANは日本で最も利用されているサイト

　具体的な分析に入る前に補足情報として公開されている関連情報などにも目を通すと、サービスの背景も理解しやすくなります。Yahoo!ニュースは、日本でも有数の古くからあるニュースサービスの1つです。特に、Yahoo! JAPANというサイトは、ポータルサイトとして広く多くの人に使われてきています。

　ニールセン デジタル株式会社の「TOPS OF 2023: DIGITAL IN JAPAN」によると、インターネットサービス利用者数においてGoogleを抑えて2年連続1位という結果が出ているほどです。

2023年 日本におけるトータルデジタル

ランク	サービス名	平均月間利用者数
1位	Yahoo! JAPAN	8,484万人
2位	Google	8,367万人
3位	LINE	8,017万人
4位	YouTube	7,369万人
5位	Rakuten	7,063万人
6位	Amazon	6,697万人
7位	Twitter X	6,027万人
8位	Instagram	5,841万人
9位	PayPay	5,067万人
10位	MSN／Outlook／Bing／Skype	3,778万人

出典：ニールセン デジタル株式会社「TOPS OF 2023: DIGITAL IN JAPAN」より一部抜粋して作成
https://www.netratings.co.jp/news_release/2023/12/Newsrelease20231220.html

競合リサーチ

膨大なアクティブユーザー

さらに、Yahoo! JAPANの媒体資料を見ると、月間アクティブユーザーが8,500万人となっており、日本の大多数の人が利用していることがわかります。

出典：Yahoo! JAPAN媒体資料 (2023年3月)
https://s.yimg.jp/images/listing/pdfs/yj_mediaguide.pdf

過去の歴史を踏まえて想像する

Yahoo!ニュースがアプリのストアに掲載している内容では、「文字サイズの拡大」「テレビ番組表」という特徴が押し出されていることから、年齢層が高い人を意識していることが仮説として挙げられます。

過去のインターネットの歴史から考えても、昔からYahoo!に触れている人がそのまま年齢を重ねて、コアユーザーとして利用している可能性もあります。

あらためてアプリが押し出しているポイントを整理する

Yahoo!ニュースの運営方針についても見てみると、次のような記載があります。

> ❝ Yahoo!ニュースは、信頼される公共性の高い情報流通の場として、多様な情報や意見が健全に流通することを大切にし、多くの利用者に安心してご利用いただけるようサービス運営にあたっています。

出典：https://news.yahoo.co.jp/info/news-operation-policy

この文章から、Yahoo!ニュースが意識しているのは「幅広い世代」「公共性」「意見の流通」と読み取れます。これをもとに、先ほどのアプリの特徴を整

理してみると、Yahoo!ニュースの押し出しているポイントは、次のように
まとめられます。

「公共性」
- ●防災・天気情報、地震速報
- ●ニュース動画のライブ配信

「幅広い世代」
- ●文字サイズの拡大
- ●テレビ番組表

「意見の流通」
- ●記事へのコメント
- ●読者が注目した箇所の共有

さて、ここからは実際に、一定期間使ってみてわかったことをまとめてみ
ます。

ニュースのタブは、シンプルなジャンルのみ

SmartNewsとグノシーのアプリと比較して、
タブの種類がとても少なく、大きく分けると、「国
内」「国際」「経済」「スポーツ」「IT」「エンタメ」
「科学」「地域」となっています。また、新しくタ
ブを追加する、といったことはできない形になっ
ています。

この構成は、少し新聞と似ています。新聞も紙
面ごとにジャンルが決まっており、このアプリも
新聞の読者層でもある年齢層の高いユーザーを意
識しているのかもしれません。また、カスタマイ
ズ性を高くするよりも、ジャンルを少なくするこ
とで、ニュースアプリ初心者の方にもわかりやす
くしているのかもしれません。

ニュースのパーソナライズ化

　アプリで自分が読むニュースは、無意識のうちに自分が興味のあるニュースとなります。私の場合は、サッカー日本代表の選手とメジャーリーガーの大谷選手に関するニュースなどをよく読んでいたようで、気づいたら最初に表示される「主要」というタブを下にスクロールしていくと、その人たちに関するニュースが多く表示されるようになりました。

　ユーザーがアプリの利用を続けることで、アプリが学習し、ユーザーの興味・関心に最適化したニュースを表示していることが想像できます。

　その結果、連続して自分の興味のある記事が表示され、開くニュースが増えアプリの利用時間が増えているように感じます。

記事へのユーザーのコメント

　アプリを見ていて、最初に気づくのは、他のニュースアプリとは違い、「読者が可視化」されていることです。記事の一覧を見ると、記事に寄せられた読者のコメントの件数が表示されています。

記事を表示すると、画面下部のコメントの一部が表示されて、コメントの一覧へ誘導されます。

コメントへのリアクション

誘導先の各記事の下部のエリアには、多くの匿名の読者のコメントが並びます。さらに、各コメントには、「Good」「Bad」のリアクションをみんなが行えます。おそらくそのリアクションの数をもとに並び替えを実施しているようで、よりみんなが共感できる「Good」なコメントが優先して並ぶように設計されているようです。

専門家の解説

　また、コメントしている人は、大きく2つに分かれているようで「専門家の解説」というラベルがついている人とついていない人に分かれています。さらに、そのラベルがついている人は、アイコンがご本人の顔写真になっており、読者から見るとのアプリ公認の読者のような印象を受けます。

記事に簡単にリアクションができる

　記事へのリアクションは、コメントだけではなく、記事を読み終えると「学びがある」「わかりやすい」「新しい視点」という選択肢から、自分の感想をリアクションとして選択できることがわかります。

記事に掲載されるアンケートへの参加

　また、記事によっては、読者に対してアンケートを実施し、その結果が公開されており、他の読者がその記事の事柄などに関して、どう思っているかを確認できます。もちろん、自分自身もアンケートに参加できます。

コメントが重視されたランキング

　さらにアプリの下タブを見てみると、「ランキング」というタブがありますが、よく見てみると、「コメント急上昇」のランキングであることがわかります。一般的にランキングというと閲覧数だったり再生回数だったりと、そのコンテンツ自身がどれくらいアクセスをされたのかという数が指標であることが多いですが、Yahoo!ニュースの場合は、コメントがどれくらいされたのかが指標になっています。それくらい、読者であるユーザーを可視化することに重きを置いていることがわかります。

読者のコンテンツ化

　こうして見てみると、Yahoo!ニュースは、記事だけではなく、記事を読んでいる私たち読者層を1つのコンテンツとしてみなし、読者の意見を集めて公開することで読者の共感を生み、そこからさらに読者の反応を増やすというサイクルを戦略的に実施していることが想像できます。

　また、過去の経緯として、コメント欄での誹謗中傷のコメントが増えてしまったため、その対策として、コメントするユーザーの電話番号登録などが必須になった記憶がありますが、その対策だけではなく、コメントの表示方法やリアクションの仕方など、よりポジティブで信頼性の高いリアクションが増えるようなマインドを、画面の各所で醸成しようとしていることが感じられます。

読者の参加を促すゲーミフィケーション

さらに一番右の「マイページ」というタブを見
てみると、何かのゲームのように「レベル1」と
表示されています。Yahoo!ニュースのアプリで
は、記事を読むことはもちろんですが、記事やコ
メントへのリアクション、コメントの投稿などを
していくことで、メダルを獲得することができま
す。そのメダルが貯まっていくと、レベルアップ
する仕組みになっています。

読者をコンテンツ化していくためには、読者に
積極的にアプリ内で活動をしてもらう必要がある
ので、その促進剤としてゲーム的な要素を入れて
いることが推測されます。

タイトルが短く編集されて
トップに掲載されるヤフトピ

Yahoo!ニュースと言えば、Yahoo!ニュースの
Webサイトのトップに掲載されると大きな認知
につながったため、掲載されること自体が話題に
なることがあります。記事のタイトルをWebサ
イトのトップに掲載する時に、本来のその記事の
タイトルではなくYahoo!ニュース側がタイトル
を、15.5文字以内に編集して掲載しています※。
これを「Yahoo!ニュース トピックス」、通称ヤフ
トピと言っています。

※参考：「Yahoo!ニュース トピックスの見出し文字数を最大15.5
文字に変更します」
https://news.yahoo.co.jp/newshack/info/yahoonews_
topics_heading15.html

これは、Yahoo!ニュース側が媒体各社から取
得する膨大な記事群から、今、国民に知らせたい
ことをピックアップして掲載することで、今この
瞬間に重要なニュースや世の中で注目されている

ニュースなどを、広く正しく読者に伝えるためです。

　これはアプリのトップでも同じになっており、アプリを開くと最初の8件ほどのニュースは、他の記事に比べるとタイトルが短く1行以内に収まる記事が並んでいることがわかります。

できごとを俯瞰的に伝えるために
記事の要約や過去の経緯を掲載

　また、記事を読んでいると、その記事の要約画面が事前にあったり、長期的に続いている記事であれば時系列ごとに記事が並べられていたりと、人（もしくはAIかもしれませんが）によって、何かしらの手が加えられていることがわかります。もちろん、記事の最後に関連記事として、その記事に関連した記事が並ぶことがありますが、それと大きく違うのは、全体を1つのテーマとして捉えて、記事を時系列に並べて、過去の経緯として今この記事があることを示していることです。

　このように、Yahoo!ニュースアプリの大きな特徴は、「編集」がされていることです。単に集めたニュースを並べるのではなく、それらの意味性をより俯瞰的に伝えるための多くの工夫がされていることがわかります。

　これらの施策は、ユーザーにわかりやすく伝える役割を果たしながら、中間ページや関連ページを増やすことでユーザーを回遊させて、アプリ全体の画面の表示回数を増やし、広告収益の増加を狙うというビジネス的な戦略ともマッチしているようにも見えます。

記事のSNSへの拡散

　アプリを使っていると画面の各所に見覚えのあるSNSのアイコンが並んでいることに気づきます。しかも、非常にいい位置にそれらのアイコンが配置されています。

　たとえば、記事のところでは、その記事のタイトルの近くに3つのSNSのアイコンがあり、タップで、すぐに共有できるようになっています。さらに、その近くの画面の右上には、共有ボタン（OSの共有機能を開く）が設置されています。先ほどの3つのSNSの中に共有したいサービスがなくても、共有ボタンにすぐにアクセスできるようになっています。また、この共有ボタンは、画面をスクロールしてもずっと上部に表示され続けるので、共有したくなったらすぐにタップできるようになっています。

X（旧Twitter）で話題のキーワードの掲載とその理由の推察

「Xで話題」コーナー

　他にもSNSに関連した興味深い点があります。アプリの起動直後のトップでは、メインとなるヤフトピのすぐ後に、Xで話題になっているキーワードが並んでいることがわかります。

　「Xで話題になっているYahoo!ニュース」ならまだしも、ニュースっぽくないキーワードも並んでいます。これは一体なぜなのかを想像してみます。

　Xで話題になっているキーワードが並んでいる理由を考える前に、先ほどの記事の共有機能を、記事画面でなぜ積極的に表示しているかを想像してみます。それは、その記事を他の人やSNSに共有してもらい、その共有された記事に興味をもった人がそのリンクをタップすることでYahoo!ニュースに訪れてほしいからだと推測されます。それがPV／SV（画面表示回数）やMAU（月間訪問者数）につながることでメディアとしての価値と広告枠の価値が向上したり、Yahoo!ニュースの読者を増やすことにもつながります。

　また、これまでの分析の通り、Yahoo!ニュースでは、ユーザーのコメントなどのリアクションを重要なコンテンツとして扱っており、そういったリアクションしてくれるユーザーを集めることが大切です。これらのユーザーがどこにいるかというと、日常からインターネット上で発信しているSNS上にいることが想像できます。これらのユーザーを集め続けるためにも、SNSへの共有機能は重視されているのかもしれません。

Xユーザーと Yahoo!ニュースユーザーの親和性

　さまざまなSNSの中で、アプリのトップ画面でXだけ特別扱いをされているのはなぜでしょうか。そこには大きく2つの理由があると想像します。

　1つは、SNS上で話題になっているキーワード（トレンド）とそのキーワードがヒットするニュースを表示することで、読者に対して「今話題になっていること」を別の視点で届けられることです。

　もう1つはコメントです。Xは、SNSの中でも匿名か実名かにかかわらず多くのニュースに対してコメントや議論をすることが、とても盛んに行われてきたメディアです。匿名の読者にコメントや議論をさせたいYahoo!ニュースとしては、そのコメントしてくれる読者層としてXユーザーを取り込みたかったのではないでしょうか。そのために、ニュースを見ながら今のトレンドもわかるという、Xユーザーにとってはうれしい機能をつけたのかもしれません。また、X側にとってもトレンド情報を提供する代わりに、膨大なユーザーがいるYahoo!ニュースからのトラフィックが増えると考えれば両社にとってWin-Winのように見えます。

⋮ テレビのように流れてくるニュース動画

　次に、左から2番目の「ライブ」というタブを開くと、画面上部にはリアルタイムのニュース番組が流れ、画面下部には過去のアーカイブされた個別

のニュースの動画が一覧で表示されています。

　注目をしたいのは、リアルタイムのニュース番組です。このタブを開いた瞬間に動画が再生され、感覚としてはテレビに近い感覚です。テレビは受動的なメディアですが、このリアルタイムのニュース番組も開いた瞬間に動画が再生されるという視点で言うと、とても受動的なコンテンツです。1-4の「マーケットリサーチ」で出た「60代以上から急激にインターネットよりもテレビを利用する傾向」という調査結果と、「Yahoo!ニュースは年齢層が高めの世代を意識している」という仮説を踏まえれば、タブが開いた瞬間にリアルタイムのニュース番組が再生されるテレビをつけた時のようなユーザー体験を提供しているのは、とても納得がいきます。

決まった時間に届くPUSH通知

　アプリの起動の大きなきっかけとなるPUSH通知ですが、1日数回届きます。

　まず、朝、昼、夕方にその時の主要なニュースが3つピックアップされて、それをお知らせしてくれます。移動時間や昼休みなど、少しスマホに触れる時のタイミングと重なるように設計されています。このPUSH通知をタップすると、3つのニュースと天気が表示され、さらに、「最新のトピックス」というコーナーにはニュースが時系列に並びます。この画面は「今起こっていること」がリアルタイムにわかるようになっており、この通知をタップした人のモチベーションと合致しています。

さまざまなPUSH通知

　他のPUSH通知では、「【いま読まれています】」と、ニュースタイトルの前に記載されているものがあります。そのテキストが、そのニュースが注目されていることを示し、ユーザーの関心を引くものになっています。このPUSH通知は、夕方のPUSH通知よりも遅く20時台に来ることが多い気がします。おそらくは、自宅でリラックスしている時を狙っているのかもしれません。

　さらに、何か大きなできごとがあった時の速報のニュース、地震などの防災に関わる情報が、それぞれPUSH通知で来るようになっており、「今起こったこと」がすぐにわかるようになっています。リアルタイムに重要なニュースに飛んでくることは、そのままユーザーのアプリに対する信頼度につながります。他のニュースアプリとの競争に勝つためにも、非常に大切です。

PUSH通知の役割

　整理すると、これらのPUSH通知は次の3つの役割に分けて設計されていることがわかります。

- ●習慣化
  定期的に届けることで、ユーザーの一定の行動の中でアプリの利用を習慣化してもらうためのPUSH通知
- ●話題性
  話題になっていることを知らせることで、ユーザーの注目を引くためのPUSH通知
- ●信頼性
  重要なニュースや災害など、リアルタイム性が重視されるPUSH通知

分析結果

これまでの分析結果を簡単にまとめてみましょう。

押し出しているポイント

「公共性」
- 防災・天気情報、地震速報
- ニュース動画のライブ配信

「幅広い世代」
- 文字サイズの拡大
- テレビ番組表

「意見の流通」
- 記事へのコメント
- 読者が注目した箇所の共有

特徴

- 高い年齢層の利用を強く意識
- シンプルなニュースのカテゴリ構成による見やすさ、わかりやすさ
- ユーザーの利用を学習しニュースをパーソナライズ化することで、より
  ユーザーに関心の高いニュースを表示
- ユーザーのリアクションを可視化してコンテンツ化することによるニュー
  ス記事の価値向上
- 専門家や評価が高いコメントなどを上位に表示することによる目に触れ
  るコメントの質の向上
- コメントだけではなく、ワンタップでリアクションできる気軽な記事へ
  の参加方法の提供
- 記事を集めて表示するだけではなく、編集をすることで記事の読みやす
  さや時系列としてニュースを読める体験を提供
- 記事をSNSへ拡散してもらうことによる訪問者の増加
- ユーザーの起動率を上げるための役割が整理されたPUSH通知

利用ストーリーと提供している機能の関係性の図式化

　最後に、分析した内容を図式化してみることで、ユーザーの利用ストーリーやそれに合わせた機能やコンテンツがどう用意されているかなど、俯瞰的に見ることができます。

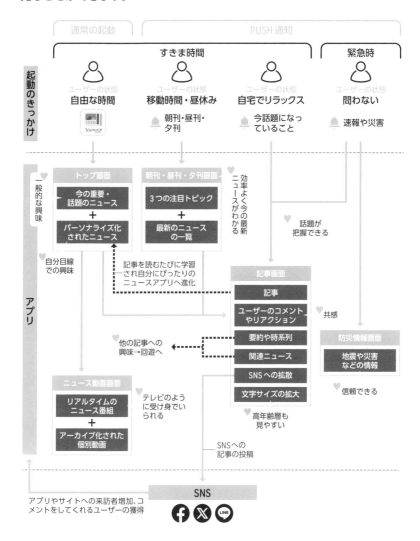

競合を分析することでスタートラインを上げる

　今回の分析を通して、Yahoo!ニュースが長年かけて検討してきたUI/UXをわずか1日から数日のリサーチで、多くを感じることができました。その結果、ニュースアプリとしての基本的な機能や、Yahoo!ニュースの思想やそれを実現するための機能やコンテンツの設計を知ることができ、今後のUI/UX検討に大きく役に立ちそうです。後発者のメリットはまさにここあります。先駆者たちが日々改善を繰り返した結果を活用することで、プロジェクトのスタートラインが上がり、先駆者のUI/UXの品質に一気に近づくことができます。極端に言うと、競合を分析したことで、ゼロから考える手間を省いたとも言えます。

　実際のプロジェクトでは、複数のアプリの分析をしてみると、アプリ同士で共通している部分と違う部分が明確になり、他のアプリと足並みを揃えるところや差別化するために変えるところ、新たに取り入れることなどを俯瞰的に検討しやすくなります。

第一線で活躍するUI/UXデザイナーから学ぶ

　競合リサーチをするということは、世の中のUI/UXデザイナーが考えたサービスを分析するということなります。つまり、競合リサーチは、第一線で活躍するUI/UXデザイナーの思考やアプローチを学ぶ機会と言えます。実際に、私たちの会社では、UXデザイナーの教育の一環として「特定のアプリを分析して設計思想をまとめる」ということを繰り返して行っています。これは、分析の力とUI/UXの知見が同時に手に入るため、とても意味のある教育手法として活用しています。読者の方は、これから実践の場で多くのプロジェクトのUI/UXを行うことになると思いますが、関わるプロジェクトをUI/UXを考える場としてだけではなく、UI/UXを学ぶ場として捉えて成長していきましょう。

プロジェクトのポイント

Yahoo!ニュースから学べたこと

- ●ユーザーの行動に合わせた起動のきっかけを作り、アプリへの定着と信頼
の獲得を狙う
- ●ニュース記事を多く見てもらう仕掛けを作ることで、より自分にあった
ニュースが表示されるようになり、ユーザーにとってより価値のあるアプ
リへと進化させる
- ●ニュースを集めるだけではなく、そこにユーザーのリアクションを可視化
したり、編集を加えることで、記事の価値を上げる
- ●SNSへの拡散をすることでそこからのアクセスを増やし、利用者を増やす
- ●意識しているターゲットにあった機能やコンテンツを提供することで、ユー
ザーの獲得を狙う

POINT

UI/UX検討のポイント

- ●他のアプリを分析することで、その企業が何を考えてアプリを設計している
かがわかり、自分たちのプロジェクトに活かせるヒントが多く集められる
- ●競合リサーチは、第一線で活躍するUI/UXデザイナーの思考やアプローチ
を学ぶ機会と捉えて成長する

UX

CHAPTER

2

ユーザー調査

SCHEDULE

1 カ月目　　　　**2** カ月目　　　　**3** カ月目　　　　**4** カ月目

リサーチ

企業リサーチ
マーケットリサーチ
競合リサーチ

ユーザー調査　　　企画

準備 実施と分析　　　受容性検証　コンセプト
　　　ペルソナ　カスタマージャーニー

アイデア検討

要件定義 基本設計　ワイヤーフレーム

基本機能 メニュー　全画面の設計
連携機能　　構成

ビジュアルデザイン

方向性　　全画面の
　　デザイン案　デザイン

ユーザー調査とは

ユーザー調査の種類と目的

　UX検討におけるユーザー調査は、プロダクトの中心にいる「人」を正しく理解し分析することで、プロダクトの検討に役立てるために行われます。

　ユーザー調査をする目的は、ユーザーがどのような人で、どのような生活や仕事をしていて、いつ何をしているか、また、その時に何を感じ考えているかを知ることです。

　UX検討のプロセスにおいては、複数あるユーザー調査の手法を状況に応じて使い分けることで、その時々に知りたいことを得ていきます。

定性調査と定量調査

　まず、UX検討でよく実施するユーザー調査は、大きく定性調査と定量調査に分かれます。

簡単に言うと、インタビューや観察などを通して人から洞察を得て、そこから仮説やアイデアを作っていくことが定性調査、Webサイト上のアンケートやアクセス解析などから数値的な指標を得て客観的な判断していくことが定量調査です。

　調査を実施する場合は、インタビュー対象者の招集や調査内容の設計、調査の実施・分析が必要となりますが、自社に調査をする機能がない場合は専門の会社にすべてお願いすることができます。また、インタビュー対象者の招集だけをお願いしてインタビューは自分たちで実施することもできます。

　定性調査・定量調査といっても、さまざまな種類があるので、UX検討でよく実施される調査をいくつか紹介します。

探索型の定性調査

　探索型の定性調査は、UXを検討する際に「こうあるべきだ」といったサービスや企画を作る上での軸となる仮説がない時などに、気づきを得るために行われます。「デプスインタビュー」と言われることもあります。

　1対1の面談形式でインタビューが行われ、ユーザーの言葉や行動から、本人さえも気づいていない深層意識の中にあるものを探索していきます。

　たとえば、英語が話したいというビジネスパーソンの場合は、「仕事の幅を広げたい」という「欲求（インサイト）」、「英語を話せるようになりたい」という「要求（ニーズ）」、「英語を話せないと、これからの時代、ますます厳しそう」という「価値観」、「時間が毎日とれなくて学習が長く続かない」という「課題」などを見つけていきます。

　こうして得られた洞察を、仮説づくりやアイデアを生み出す手がかりとすることがこの調査の目的です。

仮説を検証するための定性調査

　探索型の定性調査で得られた洞察などをもとに導き出された仮説やアイデア、そこから生み出されたコンセプトなどが、本当に受け入れられるのかを調査します。「受容性検証」と言われることがあります。

　探索型の定性調査と同じように、1対1の面談形式でインタビューが行われます。

　検証したい仮説やアイデアは、口頭で言ってもなかなか伝わらないので、

コンセプトのイメージ資料やUIのサンプルなど、簡単なビジュアルを用意します。それらを実際に相手に見せて、意見や反応を確認して、仮説やコンセプトが受け入れられるかを確認していきます。そして、そこで得られたフィードバックをもとにサービスの軸となる仮説やコンセプトの精度を上げていくことがこの調査の目的です。

最初から仮説やアイデアがある場合は、探索型の定性調査は行わずに、最初にこの「仮説を検証するための定性調査」を行うケースもあります。

客観的な視点を得るための定量調査

定性調査で得られた複数の気づきや行動パターンがどれだけ多くの人に当てはまるのか、仮説をもとに考えられたアイデアのうちどれが一番多くの人が実際に欲しいかを数値として調査していきます。

これらは、Webサイト上のアンケートを介して集めることが一般的です。より多くの人に当てはまる内容を取り入れたほうが、より多くのユーザーに響くプロダクトを生む可能性が高まります。そのため、どれが多数派なのかを知る必要があります。

アンケート結果を分析することで、実施項目を選択するための判断基準を得ることがこの調査の目的です。

ユーザビリティ検証のための定性調査

プロジェクトが進んでいくと、実際のUI（画面）が出来上がってきます。UIは仮説の連続で組み立てられていきます。UIは、「きっとここをタップしてくれるだろう」「これに気づいてくれて興味を持ってくれるだろう」「これなら迷わずに目的を達成できるだろう」と、全体のUIの流れや1つの画面内のレイアウトなどを考えながら、UIデザイナーが組み立てています。その出来上がったUIや、複数あるUIの候補を実際のユーザーに触ってもらい、それを観察します。調査は、これまでと同じように1対1の面談形式で行われます。

ユーザーを観察することで、ユーザビリティの問題を見つけたり、どのUIが最も理解されやすいかを確認して、UIの改善に活かす材料を見つけることがこの調査の目的です。

また、制作中のUIではなく、すでに公開中のサービスのUIの改善をした

い場合は、実際にそのサービスを触ってもらい、同じようにユーザビリティ検証を実施することでUIの課題を発見することに役立てます。

定性調査と定量調査の使い分け

　定性調査は特定のユーザーを深く狭く調査するのに対して、定量調査は不特定多数のユーザーから浅く広く調査をするイメージです。

　どちらかだけ行う場合も、両方を組み合わせて使う場合もあります。調査には予算と時間が必要になるため、なかなかすべてを実施することが難しいですが、必要なタイミングで有効な調査を行ってみましょう。

　次に、調査を実施するタイミングの例を参考として記載しておきます。

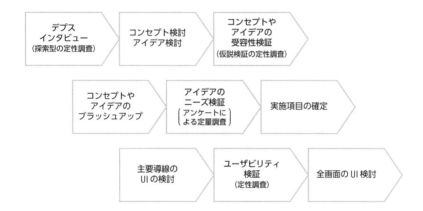

POINT

UI/UX検討のポイント

- 定性調査は、特定のユーザーから洞察を得ることで、仮説づくりに役立てる
- 定量調査は、不特定の多数のユーザーから、数値的な指標を得ることで客観的な判断軸を得る
- 調査は、限られた予算とスケジュールに応じて、適切なタイミングで実施する

2 2 着想を得るための定性調査

　さて、今回のニュースアプリの検討においては「独自の機能やコンテンツが必要だと考えるがそれは何か」がプロジェクト開始時の課題です。アプリとしては、当然、他のアプリと差別化する必要があります。

　そこで、「探索型の定性調査」を実施し、アプリの機能やコンテンツを考えていく上でヒントとなる情報を、想定のユーザー層への定性調査を通して明らかにしていきます。

　調査はオンラインで行います。

基本的な流れ

　定性調査を行っていくにあたり、こちらの流れで進めていきます。

インタビューの参加者

　当日は、インタビュアーと被験者の方に加えて、書記を務める方の3人で進行を行います。さらに、クライアントを含むプロジェクト関係者の方も見学して、全員で生の声を聞くようにします。インタビューを見学している人と見学していない人で、得られる洞察に対する価値観が大きく変わる場合があるので、なるべく全員が参加するようにします。

調査の目的

まずは、調査の目的をあらためて整理します。

今回のユーザー調査の目的は、「ニュースを軸とした新しい機能やコンテンツの着想を得ること」です。そのために、探索型の定性調査を行います。

事前の仮説づくり

こういった調査の場合は、インサイトを見つけて仮説を定義することが狙いとなります。ただし、そのインサイトが見つかる保証はどこにもないため、特に期間が限定されているプロジェクトの場合は、インサイトが見つかる可能性を高めるために当たりどころを事前に検討をしておく場合が多くあります。

そのために、すでに行ったようなマーケットや競合のリサーチの結果からヒントになりそうな情報を探したり、プロジェクトチーム内でどういう機能やコンテンツがあったらいいかを事前に議論を行います。その中で共感を得られたアイデアや話をヒントに仮説を探すための仮説を作り、調査のための重点ポイントを定義します。

重点ポイントは、インタビューの時間（60〜90分）を考えると多くても2〜3つが限界です。

今回の調査で明らかにしたいこと

今回は、プロジェクトチーム内でブレストし、次の3つの点について明らかにしていくことにしました。

１ 現在利用しているニュースアプリに不満はないか

普段ニュースアプリを使っている中で、使いづらいと感じていることや不満、要望などを把握することで、ヒントが得られないか。

２ ニュースアプリを利用した後に起きた行動の変化はあるか

ニュースにはいくつか種類があって時事ニュース以外にも、自分の生活に直結するニュースがあり、それを読んだ後に購買などのアクションを起こす時があり、そこにヒントはないか。

2

2

着想を得るための定性調査

③ ニュースアプリとそれ以外のニュースとの接点をどう使い分けているか

　ニュースアプリ以外にもニュースとの接点がユーザーにはあるはずで、そこにヒントはないか。

プロジェクトのポイント
今回の定性調査は、以下の通り実施します。
- 目的
  - ▶ニュースを軸とした新しい機能やコンテンツの着想を得ること
- 明らかにしたいこと
  - ▶現在利用しているニュースアプリに不満はないか
  - ▶ニュースアプリを利用した後に起きた行動の変化はあるか
  - ▶ニュースアプリとそれ以外のニュースとの接点をどう使い分けているか

UI/UX検討のポイント
- 全体スケジュールが決まっているプロジェクトにおける探索型調査は、何も得られないリスクもあるため、事前の調査や議論を通して、「何を明らかにすることで調査の目的が達成できそうか」を検討する

❷ 被験者要件の定義

　次に、どういった方々にインタビューをしたいかを定義します。誰に聞くかで得られる情報も変わります。

被験者の集め方

　被験者を集める方法は、大きく2つあります。

- **プロジェクトチーム内の人づてで探す方法**
- **調査会社に依頼して人を集めてもらう方法**

　どちらの場合にせよ、話を聞きたい方々の属性を事前に決めて、それに合わせて人を集めることで、調査の成功確率を上げていきます。

調査の対象としたい被験者の属性

今回は、次のような条件の属性を持っている人から話を聞きます。

属性	被験者選定時の要望	理由
年齢	20代〜30代および 50代〜60代	以前、担当者からヒアリングした「現在のメイン顧客である50代以上の男女の方々と、20代〜30代前半の男女の方々に使ってもらいたい」を軸とする。
性別	男女	興味のある情報が違うかもしれないので、バランスよく聞きたい。
家族構成	単身・既婚・子供の有無	興味のある情報が違うかもしれないので、バランスよく聞きたい。
職業（業種・職種）	複数の職種や非雇用者の方	興味のある情報が違うかもしれないので、バランスよく聞きたい。
ニュースアプリの利用経験	利用者のみ	「現在利用しているニュースアプリの不満」をインタビューするために、ニュースアプリの利用者であることは必須条件とする。
利用しているニュースアプリ	Yahoo!ニュース、SmartNews、グノシー、LINE NEWS、dmenuニュース、など	アプリごとに特徴が違うので、できれば、違うアプリを使っている人たちが好ましい。

話を聞くクラスターのイメージ

上記の表を見てみると、「20代〜30代」の方々と、「50代〜60代」の方々で大きく分かれることがわかるので、今回は、「20代〜30代」の方を3名、「50代〜60代」の方を3名、合計6名の方にお話をお伺いする方針でいきます。

この時点では、年代や仕事、家族構成などの属性をうまく振り分けた次のようなクラスターを理想としておきます。

2

2

着想を得るための定性調査

UX クラスターのイメージ

	働き始めた若手の男性	働きながら子育てをする女性	仕事に打ち込むDINKsの男性	共働きのDINKsの女性	手が離れてきた子供を育てる専業主婦	定年間近の男性
年代	20代半ば	30代半ば～後半	30代半ば～後半	50代中盤～後半	50代中盤～後半	60代前半
仕事	就業中	就業中	就業中	就業中	非雇用	就業中
家族構成	1人暮らし	夫婦＋子供	夫婦	夫婦	夫婦＋子供	夫婦＋子供

POINT プロジェクトのポイント

定性調査の対象者は以下の通りとします。

- 「20代～30代」の方を3名、「50代～60代」の方を3名の合計6名
- ニュースアプリの利用経験は必須
- 性別、家族構成、職業、利用しているニュースアプリは、バランスよく振り分けたい

POINT UI/UX検討のポイント

- 誰に聞くかで得られる情報も変わるので、どういう属性の方々から話を聞きたいかは事前に決めて、それに合わせて人を集めていく
- 事前にクラスターをイメージしておくことで、候補者選定をスムーズに行える

❸ 事前アンケートの作成

事前アンケートの目的

　被験者候補の方に、事前に答えていただくアンケートを用意します。アンケートの目的は、次の3つです。

候補者から被験者を選定する場合の材料とする

　人づてで探す場合は、ニュースアプリの利用有無以外は大体わかりますが、調査会社などに依頼する場合は、アンケートに回答した候補者を複数いただ

き、その中から選定していくこととなります。

　被験者の人と事前の打ち合わせなどはないため、その人がどういう人かを短期間で知る必要があるため、差し支えのない範囲でその人を想像するための情報をいただくようにします。

　実際のインタビューの場は時間が限られているので、深掘りしたいポイントに関わる情報を事前に聞いておくと、当日の進め方の参考になります。

候補者の人物像がわかる基本的な情報

　今回は、調査会社に人を集めてもらうため、それを意識したアンケートを作ります。事前アンケートでは、複数の視点でアンケート項目を作ります。

　まずは、候補者の人物像がわかる基本的な情報を定義します。

項目	選択肢など
年齢	数値で入力
性別	男性／女性／その他　から選択
結婚状況	未婚／既婚　から選択
子供の有無	なし／1人／2人／3人以上　から選択
職業	会社員(正社員)／会社員(契約社員・派遣社員)／会社役員／自営業／専業主婦・主夫／アルバイト・パート／学生／無職／その他(　)　から選択
業種	農林業・水産業・鉱業／建設・土木・工業／電子部品・デバイス・電子回路製造業／情報通信機械器具製造業／電気機械器具製造業(上記に含まれないもの)／その他製造業／電気・ガス・熱供給・水道業／通信業／情報サービス業／その他の情報通信業／運輸業・郵便業／卸売業・小売業／金融業・保険業／不動産業・物品賃貸業／学術研究・専門技術者／宿泊業・飲食サービス業／生活関連サービス業・娯楽業／教育・学習支援業／医療・福祉／複合サービス業／その他サービス業　から選択
職種	人事・総務／経理／企画・広報／営業事務／その他一般事務／営業／窓口業務／販売／研究開発／生産工程・労務作業／情報システム／サービス(調理、接客等)／専門職・技術職／運輸／保安／その他(　)　から選択
ニュースアプリの利用経験	あり・なし　から選択
利用しているニュースアプリ ※複数選択可	Yahoo!ニュース／SmartNews／NewsDigest／LINE NEWS／グノシー／Googleニュース／ニュースパス／dmenuニュース／NewsPicks／その他(　)　から選択

※「職業・業種・職種」については、厚生労働省の統計データのもとになっている調査票を参考にしています。
※「利用しているニュースアプリ」は、以前マーケットリサーチした時の上位のアプリです。

2

2

着想を得るための定性調査

人づてだと聞きづらい情報の追加

　今回は、調査会社に依頼するので、人づてだと聞きづらい内容もさらに聞くことにします。そのほうが、その人がどんな人かをより理解しやすくなり、実際にインタビューをする被験者の属性のバランスもとりやすくなります。よって、今回はこちらの項目を基本的な情報として追加します。

項目	選択肢など
お住まい(都道府県)	都道府県　から選択
お住まい(市区町村)	選択した都道府県内の市区町村　から選択
居住状況 ※複数選択可	同居家族がいない(1人暮らし) 配偶者／子供／ご自身の親／配偶者の親／孫／その他の親族・家族／友人・恋人／その他(　)　から選択
居住環境	マンションなどの集合住宅(賃貸)／マンションなどの集合住宅(持ち家)／戸建て(賃貸)／戸建て(持ち家)／寮・社宅／その他(　)から選択
個人年収	200万円未満／200万円以上400万円未満／400万円以上600万円未満／600万円以上800万円未満／800万円以上1,000万円未満／1,000万円以上1,200万円未満／1,200万円以上1,500万円未満／1,500万円以上2,000万円未満／2,000万円以上／回答しない　から選択
世帯年収	200万円未満／200万円以上400万円未満／400万円以上600万円未満／600万円以上800万円未満／800万円以上1,000万円未満／1,000万円以上1,200万円未満／1,200万円以上1,500万円未満／1,500万円以上2,000万円未満／2,000万円以上／回答しない　から選択

ニュースアプリの利用方法

　普段のニュースアプリの利用度合いを知るために、ニュースアプリをどのように利用しているのかを確認します。

項目	選択肢など
ニュースアプリでニュースを 見る時の興味・関心のカテゴリ ※複数選択可	国内／国外／政治／経済／スポーツ／エンタメ／テクノロジー／地域／その他(　)　から選択
ニュースアプリで よく利用する機能 ※複数選択可	ニュースの閲覧／ニュースへのコメント／ニュースの共有／天気の確認／運行情報の確認／番組表の確認／クーポン／動画／ラジオ／キャンペーンやポイントへの応募／その他(　)　から選択

ニュースアプリ以外でのニュースとの接点

ニュースアプリ以外のニュースとの接点を知るために、他の接点はどういったものがあるかを確認します。

項目	選択肢など
ニュースアプリ以外で ニュースを知る方法 ※複数選択可	テレビ／新聞／雑誌／ラジオ／SNS／自身による検索／Webサイト／口頭やLINEによる特定の人／その他（　）から選択

スマートフォンの利用度合い

今回のアプリの利用者は、積極的にスマートフォンを使っている層でないと、このアプリのユーザーになってくれない可能性があるので、どれくらいスマートフォンを使っているかを確認します。

項目	選択肢など
よく利用するアプリ ※複数選択可	SNS／動画／ニュース／ゲーム／音楽／電子書籍／ショッピング／地図／ヘルスケア・フィットネス／店舗検索・予約／ビジネス／教育　から選択

通信環境／インタビュー環境

今回は、オンラインでインタビューを実施するため、限られた時間の中で機材トラブルや通信トラブルが発生することを極力避けたいため、被験者の環境に問題はなさそうかを確認します。

項目	選択肢など
ご自宅の通信環境	光回線／ADSL／モバイルWi-Fi／スマートフォンによるテザリング／通信環境はない／その他（　）　から選択
オンラインインタビューで 使用可能な機材 ※複数選択可	マイク（マイク付きイヤホン含む）／パソコン（カメラ内蔵）／パソコン（カメラ外付け）／スマートフォン／タブレット／ない　から選択
パソコンのOS	Windows 11／Windows 10／Windows 8／macOS／その他（　）　から選択
パソコンのメーカー・モデル	自由入力
パソコンの購入時期	年を入力
スマートフォンのOS	iOS(iPhone)／Android　から選択
スマートフォンの機種	自由入力

日程（事前・本番）の確認

　本番は60〜90分の予定ですが、実際にやってみると、機材トラブルや通信トラブルが起きてしまい時間が足りなくなる場合があります。そのため、本番でのトラブルを減らすために、被験者に事前に15分程度お時間をいただき、機材や通信状況の確認を行う場合があります。今回は、事前の確認を行うこととし、実際のインタビューと事前確認の2回、被験者の方にお時間をいただきます。

項目	選択肢など
インタビューの参加可能日時 ※複数選択可	複数の候補を提示
事前確認の参加可能日時 ※複数選択可	複数の候補を提示

　これでアンケートは完成です。完成したら、調査会社にアンケートを依頼して、被験者候補の結果が集まるのを待ちましょう。調査会社によっては、アンケート項目を作ってくれる会社もあるので、打ち合わせをしながら項目を詰めていきましょう。

> **POINT**
>
> **UI/UX検討のポイント**
> アンケートは以下の目的に沿って、項目を用意する。
> - 候補者から被験者を選定する場合の材料
> - 候補者の人物像をイメージするための材料
> - インタビューで深掘りしていくための材料

❹ インタビュー内容の策定

　当日の進行の流れとともに、当日のインタビューの内容をまとめていきます。その時に、当日のタイムキーピングのために目安となる時間を5分単位で記載していきます。今回のインタビューは、90分を想定しています。

インタビューの流れ

　今回の調査で明らかにしたいことは、次の3つです。

- 現在利用しているニュースアプリに不満はないか
- ニュースアプリを利用した後に起きた行動の変化はあるか
- ニュースアプリとそれ以外のニュースとの接点をどう使い分けているか

インタビューは被験者が話しやすい順番で行います。被験者は、日常的な体験や思い出しやすい体験から聞いたほうが話しやすいので、今回は、上記の順番で進めていきます。

「5W1H」で整理する

インタビュー内容を策定していく時は、「5W1H」で考えていくと、深掘りしやすくなります。「いつ使うのか（When）」「どこで使うのか（Where）」「何を使うのか（What）」「なぜ使うのか（Why）」「どのように使うのか（How）」の順番で深掘りしていくことがオススメです（「誰（Who）」は、今回は被験者なので省略します）。

では、さっそく整理していきましょう。今回は、実際のインタビューシーンをお見せすることはできないので、実際のインタビューの流れをイメージできるように、細かく記載していきます。

挨拶と説明

はじめに、挨拶や本日の進行の流れ、注意事項について説明を行います。

ポイント	インタビュー内容	時間配分
挨拶と本日の進行の流れ 注意事項について	●インタビュアーと書記の挨拶 ●見学者の説明 ●本日の流れ ●録画などについて注意事項(本件以外で利用しない) ●被験者から質問がないかの確認	5分

被験者の基本情報の確認

事前アンケートで確認している被験者の基本情報を、相違がないかあらためて被験者の方に確認します。一つひとつを質問をするのではなく、手元にある被験者の情報をざっと読み上げて、相違がないかを大まかに確認する形をとります。これは、お互いにリラックスして始めるためのコミュニケーションとしての役割と、見学者への導入の役割を担います。

ポイント	インタビュー内容	時間配分
事前アンケートで確認している被験者の基本情報の再確認	① 年齢／職業／家族構成・居住状況／お住まいについて確認 ② 仕事をされている方は、仕事内容について簡単に確認 ※個人のプライバシーに関わる内容・個人を特定する内容は、聞かないようにしましょう。聞かれたくない場合があります。	5分

現在利用しているニュースアプリの利用シーンと不満の把握

現在利用しているニュースアプリの利用方法を聞きながら現状の不満を探っていきます。

ポイント	インタビュー内容	時間配分
現在利用しているニュースアプリの確認	まずは、被験者のニュースアプリにまつわる状況を確認していきます。利用しなくなったニュースアプリの理由や、インストールのきっかけなども確認していきます。 〈利用しているニュースアプリの把握〉 ●事前アンケートで確認している利用しているニュースアプリに相違がないかを確認 ●事前アンケートには答えていない他の利用しているニュースアプリがないかを確認 〈利用しなくなったニュースアプリとその理由を確認〉 ●利用していないニュースアプリがあれば、その理由を確認 〈ニュースアプリをインストールしたきっかけを確認〉 ●何をきっかけにインストールしたのかを確認	5分
利用シーンの確認	不満を聞く前に、具体的にどのようにニュースアプリを利用しているかを確認していきます。そうすることで、その不満に対する具体的な背景が湧きやすくなります。また、実際に操作していただくことで、被験者自身も過去の不満を思い出しやすくなる場合があります。 ここでは、被験者の方にスマートフォンの画面を共有していただきながら、実際の操作を確認していきます。 ここは、深掘りしやすいところですが、本来の目的ではないので、なるべくコンパクトに聞いていくことを心がけます。 ●どういう時にニュースアプリを利用しているのか（どのアプリを、いつ、どこで） ●なぜ、その時に使おうと思ったのか ●その時に、どのようにニュースアプリを使っているのか（何を、どのように） ●話を戻して、複数のニュースアプリを利用している場合は、どのように使い分けているのか	10分

	最後に、本題となる現在利用しているアプリへの不満を確認していきます。前項の中で、不満について触れられた場合は、その流れで聞きつつ、あらためて他にないかを確認していきます。 不満は、一つひとつ聞きながら紐解いてき、終わったら、「他には何かありますか」と確認しながら、繰り返していきます。	
現在利用している アプリへの不満の確認	●現在利用しているニュースアプリに対する不満はないか ●なぜ、その不満を感じているのか、もしくは、どうあってほしいのか	15分

ニュースアプリを利用した後に起きた行動の変化の把握

記事を読んだ後に起きるユーザーの行動変化がないか、あるのであればその理由や結果を探っていきます。

ポイント	インタビュー内容	時間配分
読んだ記事をきっかけに 何か行動をしたかの確認	まずは、記事を読んだ後に記事の内容を何かに活用するかを広く確認していきます。 被験者がイメージしづらい場合は、具体例を出しても大丈夫です。 たとえば、その記事に書かれていることについて、「インターネットで調べた」「購入した」「訪問した」「共有した」などの経験がないかを確認していきます。 ① 読んだ記事をきっかけに起こした行動を確認 ② 読んでからどれくらい後にその行動を起こしたかを確認 ③ なぜその行動を起こしたかを確認 ④ 具体的な行動を確認し、最終的にどうなったかを確認 ⑤ 行動の途中で、あらためてその記事を確認したかを確認	10分
被験者の起こした 行動をもとに 「アプリにあったらいいな」 と思う機能などが ないかの確認	行動を思い出してもらった後に、あらためて「アプリにあったらいいな」と思う機能などがないかを確認していきます。 ① 一つひとつの行動ごとに、アプリにあったら良かったと思うような機能などがないかを確認 ② あれば、なぜ、その機能があったらいいと思ったかを確認 ③ その機能の欲しさを10段階で評価してもらい、その理由を確認 ④ なければ、インタビュアーがその場でいくつか機能の例を提示して、どう感じるか、なぜ、そうなるかを確認 ③については、「あまり使わないけど、一応聞かれたから欲しい」という場合もあるので、客観的の指標を得るために確認します。 ④については、インタビュアーの力量次第なので必須ではありませんが、インタビューを重ねるにつれて、他の被験者が言っていた機能などを伝えてみましょう。	15分

ニュースアプリとそれ以外のニュースとの接点を どう使い分けているかの確認

ニュースアプリ以外でのニュースとの接点があるか、あるのであれば、どう使い分けているのかを探っていきます。

ポイント	インタビュー内容	時間配分
ニュースアプリ以外の ニュースとの接点の確認	まずは、事前アンケートで得ている内容を確認します。 ① ニュースアプリ以外のニュースとの接点が、事前アンケート以外にないかを確認 ② その接点のうち、よくある接点を順番に並べてもらう ③ ニュースアプリがその中でどの順位になるかを確認	5分
ニュースアプリ以外の 接点の利用シーンの確認	次に、それぞれのニュースとの接点をどう利用しているのかを確認していきます。 すべて聞くと時間が足りなくなるので上位3件に絞ったり、特徴的な内容を得ている接点や特徴的な使い方をしていそうな接点を絞って、深掘りしていきます。 〈それぞれの接点の概要〉 ① 接点ごとに、どういう時にどういった内容を得ているかを確認 〈気になった接点を深掘り〉 ① どういう時に、その接点があるかを確認(いつ、どこで) ※1つ前の質問と重複する場合はスキップ ② なぜ、その接点を活用しているかを確認 ③ その接点が、被験者にとって有益な取得元となっているかを確認 ④ 有益な場合、なぜ有益と感じるかを確認 ⑤ ニュースアプリと比べて有益と感じるかを確認 ⑥ 有益な場合、なぜ有益と感じるかを確認	15分

見学者からの質問がある場合は実施

用意した質問が一通り終わった後に、見学者から追加の質問がある場合は、最後にそれらの質問をインタビュアーを通して聞いていきます。

ポイント	インタビュー内容	時間配分
見学者からの追加質問	インタビュー当日は、インタビュアーと書記以外にも、プロジェクトチームのメンバーが見学しています。 追加の質問がある場合は、被験者に追加の質問を行います。	5分

これで、質問は終了です。最後に、今回のインタビューについて被験者から質問がないかを確認して、御礼を伝えてインタビューは終了となります。

こうやってインタビュー内容を策定してみると、「現在利用しているニュースアプリへの不満の把握」について聞く際に、被験者の方にスマートフォンの画面を共有してもらうことが必要だとわかったので、その前提で準備して

いきます。

- 調査で明らかにしたい3つのことに対して、それぞれ段階を踏んで核心に近づくようにしています
- インタビュー内容を整理したところ、被験者の方にスマートフォンの画面を共有してもらう必要があることがわかったので、被験者が正しく画面共有できるかを事前に確認する必要がありそうです

POINT

UI/UX検討のポイント

- いきなり核心を聞くのではなく、相手が話しやすい話題から入る
- 時間配分を意識しながら、インタビュー内容を策定する
- 5W1Hを意識してインタビュー内容を整理していくことで、聞きたいことや明らかにしたいことへのアプローチの流れが考えやすくなる
- インタビュー内容を整理していくことで、当日の被験者に必要な環境などを整理できる

⑤ 被験者の招集と選定

　調査会社からアンケートが返ってきたら、その候補者を確認します。

　まずは、年齢やニュースアプリの利用経験や機材、通信環境などで、今回のオンラインインタビューには不適合となる方は除外して、その中から「クラスターのイメージ」に近い当てはまる組み合わせはないかを、確認していきます。

　今回は、次の6名の方を選定しました。

イメージ	若手の働く男性	子育てしながら働く女性	DINKsの男性	DINKsの女性	主婦	定年間近の男性
年齢	25歳	28歳	38歳	53歳	56歳	63歳
性別	男性	女性	男性	女性	女性	男性
家族	未婚	夫・子供1人	妻	夫	夫・子供2人	妻・子供2人
居住状況	1人暮らし	夫・子供	妻	夫	夫・子供	妻
居住環境	マンションなどの集合住宅（賃貸）	マンションなどの集合住宅（賃貸）	マンションなどの集合住宅（持ち家）	マンションなどの集合住宅（持ち家）	戸建て（持ち家）	戸建て（持ち家）
職業・業種	通信業 専門職・技術職	金融業・保険業 営業事務	不動産業・物品賃貸業 営業	教育・学習支援業 企画・広報	専業主婦	電子部品・デバイス・電子回路製造業 販売
住まい	東京都練馬区	千葉県市川市	鹿児島県鹿児島市	東京都江東区	福岡県糸島市	神奈川県小田原市
個人年収	200万円以上400万円未満	200万円以上400万円未満	400万円以上600万円未満	400万円以上600万円未満	－	600万円以上800万円未満
世帯年収	－	600万円以上800万円未満	600万円以上800万円未満	1,000万円以上1,200万円未満	600万円以上800万円未満	600万円以上800万円未満
利用しているニュースアプリ	4つ	2つ	3つ	2つ	1つ	3つ
ニュース以外でニュースを知る方法	SNS 自身による検索 Webサイト 口頭やLINEによる特定の人	雑誌 SNS 自身による検索 Webサイト 口頭やLINEによる特定の人	テレビ ラジオ SNS 自身による検索 Webサイト 口頭やLINEによる特定の人	テレビ 新聞 雑誌 SNS 自身による検索 Webサイト 口頭やLINEによる特定の人	テレビ 雑誌 自身による検索 Webサイト 口頭やLINEによる特定の人	テレビ 新聞 雑誌 ラジオ 自身による検索 Webサイト 口頭やLINEによる特定の人
よく利用するアプリ	SNS 動画 ニュース ゲーム 音楽 電子書籍 ショッピング 地図 店舗検索・予約	SNS 動画 ニュース ショッピング 地図 店舗検索・予約 教育	SNS 動画 ニュース ゲーム 音楽 電子書籍 ショッピング 地図 店舗検索・予約 ビジネス	SNS 動画 ニュース 音楽 ショッピング 地図 店舗検索・予約 ビジネス 教育	動画 ニュース ゲーム 電子書籍 ショッピング 地図 ヘルスケア・フィットネス 店舗検索・予約	動画 ニュース ショッピング 地図 店舗検索・予約

- 事前に整理していたクラスターイメージに近い被験者を、バランスよくピックアップする

⑥ 事前確認

　被験者の方が確定したら、本番でのトラブルを減らすために事前にお時間をいただき、機材や通信状況の確認を行います。また、インタビューを実施する側も被験者の方も、いきなり当日に「はじめまして」よりも、事前にワンクッションあったほうが緊張もほぐれスムーズにインタビューが実施できます。

　事前にマニュアルをお送りしておき、当日はマニュアルに従って、通信環境に問題ないか、画面の共有が正しくできるか、音声がハウリングしないかなどを確認していきます。

- 本番でのトラブルを減らすために、事前に被験者にお時間をいただき、機材や通信状況の確認を行っておくことで、当日、スムーズに調査を実施できる

⑦ リハーサル

　後は、実施当日を待つばかりとなりますが、その前に必ずプロジェクトチーム内でリハーサルを実施しましょう。

　まずは、プロジェクトメンバーや社内の人に仮の被験者になってもらいインタビューを実施し、うまく話が聞き出せるか、インタビュー内容に不足はないかを確認します。さらに、その仮の被験者の方に感想を聞いて、答えづらかったところはないかなどを確認して、インタビュー内容や進行についてのブラッシュアップを行います。

　それを踏まえて、もう一度リハーサルを実施して最終調整を行います。

インタビュアーのあるべき姿勢

インタビュアーの姿勢ひとつで、相手からの回答も変わってきます。次に、インタビュアーのあるべき姿勢を記載しておきます。

- インタビュアーの方は、以下の姿勢を持ってインタビューに臨む
  - ▶ 気楽に何でも話せる相手になるように心がける
  - ▶ ただし、失礼な態度はもちろんダメなので、マナーを守ってリラックスした雰囲気で会話を行う
- 相手に共感する姿勢をとる
  - ▶ 「そうなのですね」「ありがとうございます」などと、あいづちを多めに入れていく
  - ▶ 相手が話している時は、何度もうなずくなど、被験者の方が自分に興味を持ってくれている、共感されていることがわかるようにする
- 早口な方は、まくし立てているように相手が感じる場合があるので、意識してゆっくりと話す
- 今回のテーマはニュースアプリなので、事前にニュースアプリについて勉強を行っておく
- タイムキーピングしながら、次のテーマに切り替えていく

質問する時のポイント

インタビュー中に質問をする時のポイントをいくつか記載しておきます。被験者に質問をする時は、次のことを意識してください。

- 事前に作ったインタビュー項目を、順番通りに聞くことに必死にならずに、被験者と大枠の話をしながら、柔軟に聞きたいことを会話の中に入れていくことを意識し、会話の流れを大切にする
- 興味を持って被験者の話を聞き、その人の価値観を知ることを意識する
  - ▶ 被験者の回答に対して、それらの様子やエピソードを一つひとつ聞いていく
  - ▶ それらに対して、なぜそれを選んだのか、なぜそう感じたのか、なぜそう行動したのかを一つひとつ丁寧に分解して掘り下げて聞いていく
- なるべく具体的に聞かないようにする
  - ▶ たとえば「使いやすいですか?」ではなく「何か使ってみて感じられていることはありますか?」と聞くようにして、被験者の率直な意見を確認する
  - ▶ 被験者の率直な意見をもらうために、「一般的には○○ですが〜」などと、余計な前置きは入れないようにする

- 「一般的な意見ですけど〜」と答える被験者には、「ぜひ、あなたの個人的な意見を教えてください」と伝える
- 被験者が感じているストレスや課題を見つけたら、それがどうすれば解決すると思うかも聞いていく

❽ インタビューの実施と振り返り

実施の際の注意事項

今回のインタビューは、Web会議ツールを利用してオンラインで実施します。見学者として参加するプロジェクト関係者が、被験者の方にはなるべく見えないようにWeb会議ツールの設定を行い、「多くの人に見られている」というような心理的なストレスを与えないようにします。

見学者の方は、マイクももちろんですが、ビデオも最初からオフにして気配を消します。被験者のWeb会議ツールには、見学者の方が表示されないようにします。書記の方も、最初の挨拶が終わったら、マイクもビデオもオフにします。また、必ず録画して、後で見返せるようにしましょう。

インタビューは、チームプレイです。書記の方はGoogle Docsなどで記録を行い、そのドキュメントをインタビュアーや見学者の方が閲覧できるようにします。さらに、Slackなどのチャット上で、見学者がインタビュアーに追加でしてもらいたい質問なども伝えられるようにしていきます。書記の方は、チャット上のコメントを拾い、インタビュアーと連携して進めていきます。

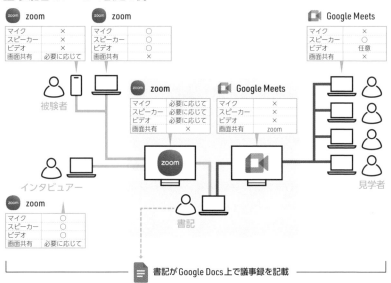

UX 参加者とツールの設定の例

zoom **zoom**

マイク	×
スピーカー	×
ビデオ	×
画面共有	必要に応じて

zoom **zoom**

マイク	○
スピーカー	○
ビデオ	○
画面共有	×

Google Meets

マイク	×
スピーカー	○
ビデオ	任意
画面共有	×

被験者

zoom **zoom**

マイク	必要に応じて
スピーカー	必要に応じて
ビデオ	必要に応じて
画面共有	×

Google Meets

マイク	×
スピーカー	×
ビデオ	×
画面共有	zoom

見学者

インタビュアー

zoom **zoom**

マイク	○
スピーカー	○
ビデオ	○
画面共有	必要に応じて

書記

書記がGoogle Docs上で議事録を記載

振り返り

インタビューが1人終わるごとに、インタビュアー・書記・見学者の全員で、今のインタビューを通して気づいたことや、感じたことを30分ほど話していきます。

冒頭に被験者と対面していたインタビュアーが感じたことを話し、その後に見学者の方の意見を募るとスムーズに議論が進みます。

ユーザーの生の声は、UX検討をする上で非常に大事な材料です。その生の声を聴いたからこそ感じるものを、プロジェクトチーム内で共有し、自分たちがターゲットにすべきユーザーのイメージを膨らませていきます。

また、インタビュー自体の反省も同時に行い、次回の被験者の時に聞くべき内容のブラッシュアップを続けることで、調査の質を上げていきます。

ここでは、インタビューの記録を2名分、掲載します。

① 宮崎みどりさん（子育てしながら働く女性）
② 山下弘さん（定年間近の男性）

※名前は仮名です。

　本書では、インタビュー結果の一部をそのまま掲載します。読者の皆さんは、すべて読まなくてもかまいません。ヒントになりそうなポイントを下線で強調してあるので、そこだけ確認して次の分析へ進んでください。

被験者① 宮崎みどりさん（子育てしながら働く女性）

事前のアンケート情報

　まずは、事前のアンケートでわかっている情報です。

基本情報

● 28歳／女性／既婚
● 夫と子供と賃貸マンションに同居（千葉県市川市）
● 正社員として金融業・保険業の会社に営業事務として勤務
● 個人年収：200万円以上400万円未満
● 世帯年収：600万円以上800万円未満
● アプリは、SNS、動画、ショッピング、店舗検索・予約、教育などを中心に利用

ニュースアプリの利用状況

- LINE NEWS／グノシーをよく利用している
- ニュースの閲覧・共有、天気の確認をしている
- ニュースは主に、国内・国外・政治・経済・エンタメに加えて、ファッション・グルメを閲覧している
- ニュースは、ニュースアプリ以外だと SNS や口頭、LINE で共有されて知ることとがある

さて、ここからは、実施したインタビューの結果を掲載していきます。

被験者の基本情報の確認

事前のアンケートだけだとわからなかった情報です。

- 育休を終えて、今年の2月から職場復帰
- 夫と2歳の娘と暮らしている
- 保険会社で、営業のサポートとして働いており、見積書や資料の作成、顧客対応をしている

現在利用しているニュースアプリの利用シーンと不満の把握

現在利用しているニュースアプリの確認

　アンケート以外に利用しているもしくはインストールされているニュースアプリがないかを確認してから、利用のきっかけや、利用していないアプリがあればその理由を確認します。

質問	回答
どんなニュースアプリを使っているのか	● グノシーをよく使っている ● LINE NEWS は、LINE を使っている時に時々見る
なぜグノシーを使っているのか	● ニュースを見たい時に使っている ● 見た目がかわいいし、使いやすいような気がして使うようになった ● 通知は内容が気になった時だけ起動することもある
なぜグノシーを使い始めたのか	● 夫が使っていたから、それで自分も使うようになった ● 夫は、アプリに詳しいから、夫が使っているもののほうが、信頼性が高いように感じた ● グノシーを使い始めてから、NewsDigest をあまり使わなくなった

※ LINE NEWS については、ニュースアプリではないので記載を省略

利用シーンの確認

アプリを利用するタイミングやその理由を聞きながら、その時にどのように使っているかを深掘りしていきます。

質問	回答
どういう時にグノシーを使っているのか	**出かける前**
なぜアプリを起動するのか	●洋服と傘の確認をしたいので、天気だけ見てすぐに閉じる
どうやって起動するのか	●アプリアイコンをタップして起動している
どのように使っているのか	●気温と雨の情報だけ見て閉じている
他はどういう時に使うか	**通勤中に見る**
どのように使っているのか	●週に2回～3回は出勤するので、電車の中で見ている ●最低限の時事ニュースを知っておこうと思って、開いている
なぜアプリを起動するのか	●自分だけ知らないニュースがあると職場で少し恥ずかしいから、見るようにしている ●元々時事ニュースは好き。実家にいた時は、よく家族で夜にニュースのテレビを見ていたが、今はテレビでニュースを見なくなった
どうやって起動するのか	●朝に通知が来ているので、それを開いている
どのように使っているのか	●アプリを開いて、最初の画面で気になったニュースを見る ●後は、上のカテゴリを切り替えて、ざっとニュースを見て、タイトルと写真を見て、気になるニュースがあったら見ている ●時事ニュース以外に、「グルメ」と「おでかけ」と、自分で追加したファッション雑誌とかのカテゴリをよく見ている
「グルメ」を見る理由は何か	●今は、子供がいて前みたいなレストランにいけないけど、買って帰れるものや、いつか家族と一緒に行けたらいいなと思うレストランの情報を見ることが好き
「おでかけ」を見る理由は何か	●子供や家族とおでかけできる場所とかイベントや、旅行の候補を見たりしている ●実際に行くことは少ないけど、行けたらいいなぁと想像している
「ファッション雑誌」のカテゴリを見る理由は何か	●元々洋服が好きなので、自分で追加した ●雑誌を見る感覚に近い。ニュースを見るついでに見られるから便利
他はどういう時に使うか	**昼休憩中に見る**
どのように使っているのか	●家だとあまり使わないが、出社した時に1人でランチをする時に、暇つぶしで時々見る ●使い方は、通勤中と同じ ●大きなニュースがあった時は、その時事ニュースを中心に見る
他はどういう時に使うか	**子供の寝かしつけの後に見る**
どのように使っているのか	●夜、子供が寝た後に、リビングとかベッドとかで見ることが時々ある ●そんなに長い時間は使わないかも。ざっと眺めるくらい ●週末に予定がある時は、天気を見ることもある

他は どういう時に使うか	速報
どのように 使っているのか	●速報の通知が来ると、内容が気になった時に開くことがある
どういう内容だと 開くのか	●芸能人の結婚のニュースとか、アイドルの解散のニュースとか

現在利用しているアプリへの不満の確認

　不満があるかを確認して、もしあれば、なぜそう感じるのか、どうあってほしいのかを確認していきます。

質問	回答
今使っているニュース アプリに不満はあるか	●あまり思い浮かばない
何か使っていて 困ったことなどはないか	●時々だけど、一度見た記事をもう一度見ようとした時に、見つからなくて困ることがある
どういった時に 困るのか	●おでかけの情報が多いかも ●家に帰って夫にその話をしようとして、その場所の名前が思い出せなかった時など
困らないように自分で していることはあるか	●夫にLINEで記事を送っておく ●スクショを撮っておく

● ニュースアプリを利用した後に起きた行動の変化の把握

読んだ記事をきっかけに何か行動をしたかの確認

　読んだ記事をきっかけに起こした行動と、その理由や結果について確認していきます。

質問	回答
読んだ記事をきっかけに 起こした行動はないか （スマホ内／リアルは問わない）	**ニュースに出てきた情報をさらに検索して調べることがある** ●芸能人の名前が出てきた時に、その人のことについて知りたいと思った時に、その人の名前で検索することがある
記事を見た後に どのように行動しているのか	●Safariを開いて、検索する ●そこで知りたい情報とか画像を見つけたら、満足して終わる ●終わった後は、ニュースアプリに戻らずに、他のアプリに使うことが多い

他のパターンはあるか	**気になったお店を検索して行ってみることがある** ● 記事に出てきて気になったお店の場所を調べてみて、仕事帰りに立ち寄ることもある。後は、週末にその近くにいく時に、立ち寄って実際に買う ● 今はレストランにあまり行けないので、コンビニやスイーツが多い
記事を見た後に どのように行動しているのか	● Safariで検索して場所と営業時間を見る ● 買うまでに、もう一度記事を見ることはないかも。開いているSafariのページを見るか、あらためて検索してお店の情報を見る
他のパターンはあるか	**子供とおでかけができそうなスポットを知って検索して行く** ● 娘が楽しめそうなイベントや施設の情報を見て、週末のどこかで時間があれば、そこに実際に行く
記事を見た後に どのように行動しているのか	● Safariでイベントや施設について検索する ● 大体公式サイトを見て、口コミを見ることが多い ● その公式サイトを夫にLINEで送ることもある ● LINEだと、後から見返せるから便利。夫に送ってメモしている感覚 ● その元の記事を見返すことはない
他のパターンはあるか	**気になった商品を検索して購入する** ● 記事を見ていて、コスメや服とかを買うことがある
記事を見た後に どのように行動しているのか	● Safariを開いて、検索して売っているサイトに行くか、売っているアプリを開く ● すぐには買わずに、口コミを見てから買う ● その元の記事を見返すことはない

被験者の起こした行動をもとに
「アプリにあったらいいな」と思う機能などがないかの確認

　あったらいいなと思う機能などがないかを考えてもらい、その理由と機能の欲しさを10段階で評価してもらいます。

質問	回答
自分の行動を振り返ってみて、あったらいいな思う機能はあるか	**検索する時に、入力するのが面倒くさいので、ワンタップで検索できたらうれしい**
10段階でいうと欲しさは何点か	評価は6点 ● 理由は、あれば使いそうだけど、すごくうれしいかと言われるとそうではないから
他にはあるか	**公式サイトとか関係するサイトのリンクとかあるとうれしい。手間が減る**
10段階でいうと欲しさは何点か	評価は9点 ● 理由は、すごく便利だから。詳しい情報が載っている公式サイトにすぐにアクセスできるのは、時短になって便利。商品だったら、よく使うAmazonとかのリンクがあったら便利

他にはあるか	口コミもすぐに見られるとうれしい。口コミを探すことが面倒くさい
10段階でいうと欲しさは何点か	評価は7点 ● すぐに見られるのはうれしいけど、偏りがあったら嫌だから、結局自分で検索して口コミを探しそう
他にはあるか	保存はできるようにするか、自分が見た記事の履歴を後から見られたり探せるようにできるとうれしい
10段階でいうと欲しさは何点か	評価は10点 ● 理由は、後で見たいと思った時に、思い出せなかったりするので便利そう。これは欲しい。写真にスクショが増えることが好きじゃない。とりあえず、気になったものは、保存しておきたい

ニュースアプリとそれ以外のニュースとの接点をどう使い分けているかの確認

ニュースアプリ以外のニュースとの接点の確認

　まずは、ニュースアプリ以外のニュースとの接点は、どういったものがあるかを確認していきます。

質問	回答
ニュースアプリ以外で ニュースに触れる機会はあるか	● 夫から、LINEでおでかけの情報の記事が送られてくることがある ● 後はX。動画も入れていいなら、YouTubeとTikTok ● 多い順で言うと、TikTok、X、YouTube ● でも、ニュースアプリは、この中でダントツの1位 ● ニュースアプリ以外は、他の内容が流れてきた時に一緒に時々出てくるから、気になったらつい見るイメージ。ニュースを見るために開いてはいない

ニュースアプリ以外の接点の利用シーンの確認

　ニュースアプリ以外の接点の利用シーンと、それが有益と感じているかどうかを確認していきます。

質問	回答
TikTokでは どのようにニュースを見ているか	**TikTok** ● 勝手に流れてくるのを見る ● TikTokはなんとなく開く。ニュースを解説している動画も時々見る ● 時々、そのニュースをTikTokで知ることもある

TikTokのニュースは、あなたにとって有益な情報になっているか	●動画だと、ニュースによっては理解しやすいから好き ●TikTokの動画は短めだし、見やすい ●テレビのニュースを見ている感じに近い。別に見たかったわけではないけど、なんとなく見ちゃう感じ。テレビと違うのは、興味がない内容はスキップする
Xではどのようにニュースを見ているか	**X** ●Xは、利用頻度は少ないけど、誰かがシェアしたりしているニュースを見ることがある
Xのニュースは、あなたにとって有益な情報になっているか	●その人が友達とか、有名な人だと、その人がシェアしているニュースに興味が湧く
YouTubeではどのようにニュースを見ているか	**YouTube** ●YouTubeのニュースの動画は、重めな感じだから、あまり見ないけど、ごく稀に見る ●1つの動画が長いイメージ
YouTubeのニュースは、あなたにとって有益な情報になっているか	●明確に何かのニュースの映像を見たい時に使う。たどり着きやすい

　インタビューしていくと、最初は今使っているニュースアプリに対して不満は思いつかなかったのに、対話を通して深掘りしていくと、実は不満に感じていることや「こうだったらいいな」と感じることが見つかっていきました。また、被験者が欲しいと思った機能を、数値を使って評価してもらったことで、本当に欲している機能を絞り込むことができました。

被験者② 山下弘さん(定年間近の男性)

事前のアンケート情報

基本情報

- ●63歳／男性／既婚
- ●妻と戸建て(持ち家)に同居(神奈川県小田原市)
- ●子供は2人
- ●正社員として電子部品・デバイス・電子回路製造業の会社に販売として勤務
- ●個人年収:600万円以上800万円未満 ※世帯年収も同じ
- ●アプリは、動画、ショッピング、店舗検索・予約などを中心に利用

- Yahoo!ニュース／日本経済新聞 電子版／朝日新聞デジタルをよく利用している
- ニュースの閲覧、天気の確認をしている
- ニュースは主に、国内・国外・政治・経済・スポーツ・テクノロジーを閲覧している
- ニュースは、ニュースアプリ以外だとテレビ・新聞・雑誌・ラジオで知ることがある

被験者の基本情報の確認

- 現在、妻と2人で暮らしている
- 社会人の24歳の長男と大学生の20歳の長女は、1人暮らしをしている
- 電子部品を作る会社で働いていて、商品の流通の管理の仕事をしている

現在利用しているニュースアプリの利用シーンと不満の把握

現在利用しているニュースアプリの確認

質問	回答
どんなニュースアプリを使っているのか	● Yahoo!ニュースを一番使っている ● 後は、日本経済新聞のアプリを使っている ● 朝日新聞のアプリも時々見る ● 他は入っていない
なぜYahoo!ニュースを使っているのか	● Yahoo!ニュースは、昔からYahoo!のサイトでニュースを見ていたので安心感があった
なぜYahoo!ニュースを使い始めたのか	● 自分でインストールした気がするけど、記憶が曖昧
他の日経新聞と朝日新聞についてはどうか	● 新聞社が出しているアプリなので、信頼感があってインストールした ● アプリを入れたきっかけは曖昧だが、両方ともたぶん広告か何かだったと思う

利用シーンの確認

質問	回答
複数のニュースアプリは使い分けているのか	●移動中などで、暇な時にニュースアプリを立ち上げることが多い ●大体Yahoo!ニュースを最初に立ち上げて、それでも時間に余裕があると、日経新聞のアプリを見る ●なんとなく、見たい記事が少なかった時に、日経新聞のアプリを開く
どういう時にYahoo!ニュースを使っているのか	**通勤中に使う**
なぜアプリを起動するのか	●何か見たいというよりも、電車内でニュースを見ることが習慣化している ●毎日片道40分くらいで通勤しているので、その電車の中で見ている
どうやって起動するのか	●ホーム画面のアイコンからYahoo!ニュースを開く
どのように使っているのか	●最初は画面の上のほうの記事だけ見ている ●各テーマのメインの記事だけ読みたいので、次にテーマを切り替えて、各テーマの上のほうの記事の読みたい記事を見ている
どんなニュースやテーマをよく見るか	●時事ニュースとスポーツをよく見る ●プロ野球のベイスターズのファンなのでプロ野球に関連する記事や大谷選手の記事をよく見ている ●スポーツは全般的に好きで、サッカーやボクシングの記事も見ることもある ●元々技術系は好きなので、テクノロジーの記事もよく見る
ニュース以外で見る機能などはあるか	●コメントもよく見る。どういうコメントがあるのか気になる。共感できるコメントがあると、少しうれしくなる ●時々、専門家っぽい人が解説コメントみたいなのを出しているので、それもよく見て勉強している ●全体的に便利な印象が強い。記事の要約もあったり、過去に関連する記事があると時系列で並んでいたりするので見ている
他はどういう時に使うか	**仕事の合間に見る** ●仕事の合間に、自分の席で、休憩がてら見ることもある ●ざっっと見て、何か見たい記事があれば見るくらい
他はどういう時に使うか	**速報** ●速報が来ると気づくので、それを開くことが多い。大体開くかも ●大きなニュースは速報でお知らせしてくれるから、便利。すぐに知りたい ●大きなニュースであることが多いから、知っておこうと思って見る

2

2

着想を得るための定性調査

質問	回答
今使っているニュースアプリに不満はあるか	●記事の画面は、文字が大きくできるけど、ニュースの一覧が並ぶ画面の文字が小さいので、できれば、これも大きくしたい。目が疲れることがある
今は文字を大きくしているのか	●文字のサイズは大きくしている。そうしないと読みづらい

ニュースアプリを利用した後に起きた行動の変化の把握

読んだ記事をきっかけに何か行動をしたかの確認

質問	回答
読んだ記事をきっかけに起こした行動はないか（スマホ内／リアルは問わない）	**大谷選手が活躍すると、帰宅後にテレビでニュース番組のスポーツコーナーを見る** ●大谷選手がホームランを打ったりして活躍をニュースアプリで知ると、家に帰ってから、夜のニュース番組のスポーツコーナーで、そのニュースを見る
なぜテレビで見たいのか	●ホームランのシーンを映像で見たい ●インタビューもあるとうれしい ●一緒にプロ野球の結果もテレビで見る
他のパターンはあるか	**仕事に関連しそうな記事があると、後で会社の人に送る** ●ライバル会社の記事や仕事に役に立ちそうな記事があると、会社の担当者や部下に送ることがある
記事を見た後にどのように行動しているのか	●会社に着いてから、Yahoo!のサイトを開いて、その記事をメールで送る ●口頭で記事の内容を部下に伝えることもある ●アプリからメールやLINEでの記事の共有方法は知らない
他のパターンはあるか	**妻が好きそうな美術館の展示があると、妻に教えて一緒に行く** ●妻が美術館に行くことが好きなので、妻が興味ありそうな展示の記事があると、帰ってから妻に伝える
記事を見た後にどのように行動しているのか	●展示の内容を妻に伝えると、妻は自分で検索して内容を確認している ●休日に一緒に行くこともある ●時々、展示の名前を忘れてしまって困る時がある
他のパターンはあるか	**行ってみたい観光スポットがあったら、調べてみてそこに妻と行く** ●年に2回か3回くらい妻と国内旅行に行くので、行ってみたい場所があったら、帰ってから妻に伝える
記事を見た後にどのように行動しているのか	●記事で見た場所を妻に伝えて、それで一緒にいろいろ調べてみて良さそうだったら、次の旅行で行くこともある ●調べる時は、大体ブラウザを使ってその場所や施設の名前で検索する ●旅行の手配は、妻がしてくれる

被験者の起こした行動をもとに
「アプリにあったらいいな」と思う機能などがないかの確認

質問	回答
自分の行動を振り返ってみて、あったらいいな思う機能はあるか	**その記事に関連する動画が見られたらうれしい。スポーツももちろんだけど、普通のニュースも映像がその場で見られると、見逃しも減るのでいい**
10段階でいうと欲しさは何点か	評価は10点 ●理由は、やっぱり映像のほうが、見ていて楽しいし、見られたらたくさん見そうだから。今もアプリで動画を見られるコーナーもあるけど、ただ動画が並んでいるだけで、あまり見る気が起きない
他にはあるか	**妻に伝えたい内容を時々忘れてしまうので、記事をブックマークしておきたい**
10段階でいうと欲しさは何点か	評価は8点 ●いつも使いたいわけじゃないけど、忘れそうだなって思う時に、ブックマークできると便利 ●少し気になるのが、記事って時々時間が経つと見られなくなることがあったから、ブックマークだと少し不安なところがある
他にはあるか	**妻と気軽に共有したい**
10段階でいうと欲しさは何点か	評価は6点 ●できれば、ワンタップで、すぐに妻にその記事を送ったり、共有できたりするといい

ニュースアプリとそれ以外のニュースとの接点を どう使い分けているかの確認

ニュースアプリ以外のニュースとの接点の確認

質問	回答
ニュースアプリ以外でニュースに触れる機会はあるか	●ニュースアプリ以外だと、テレビ、新聞、雑誌、ラジオ ●テレビ、新聞、雑誌、ラジオの順 ●ニュースアプリは、テレビと新聞の間くらい ●SNSはほとんどやっていない

ニュースアプリ以外の接点の利用シーンの確認

質問	回答
テレビではどのようにニュースを見ているか	**テレビ** ●自宅で朝と夜にニュースをテレビで見ることが多い ●そもそも自宅だとテレビがついていることが多い ●ニュース番組は毎日大体見ている。習慣になっている

テレビのニュースは、あなたにとって有益な情報になっているか	●テレビはやっぱり映像でわかりやすいし、ぼーっと見ていればいいし、後、なんとなくニュースアプリよりも信頼性が高いと思っている ●ニュースアプリだと、ゴシップ記事も入ってくるから、嘘っぽい記事もある ●時々、面白い特集もある
新聞ではどのように ニュースを見ているか	**新聞** ●自宅で新聞をとっていて、朝に大体目を通している
新聞のニュースは、あなたにとって有益な情報になっているか	●ニュースアプリより詳しく書いてあっていい ●テレビと同じく信頼性が高いと思っている ●新聞だと、テレビ欄も大きくて見やすい
雑誌ではどのように ニュースを見ているか	**雑誌** ●自分では雑誌は買わないが、時々妻が週刊誌を買って家に置いてあるので、それを見ることがある
雑誌のニュースは、あなたにとって有益な情報になっているか	●ニュースアプリや新聞には載っていないような特集も見られるところがいい
ラジオではどのように ニュースを見ているか	**ラジオ** ●休日に車で出かけることがあるので、その時にラジオが流れていて、そこでニュースを聞いている ●特に聞きたくて聞いているというよりも、流れているから聞いている感じ
ラジオのニュースは、あなたにとって有益な情報になっているか	●大体知っているニュースが多いけど、大きなニュースがあった時は気になっているから耳を傾けて聞いていることがある

❾ インタビュー結果の分析

共通の状態や課題、欲求を探す

インタビューの結果を分析していきましょう。

先ほどのように項目ごとに大切そうなポイントを強調しておくと、後でまとめやすくなります。強調しているのは、主にはその人の特定の状態や課題、欲求です。それと同じことが、複数の他の人たちにも共通して言えるのか、また、当てはまった人たちにどういう共通項があるのか、といった共通点を探していきます。そこで見つかった共通点が、インタビューで得られた洞察となり、仮説となり、今後のUXの検討に大いに役立っていきます。

わかりやすい例で言うと、「特定の記事を見てしばらく経ってから、その記事のことを後で思い出した」時に「その記事が見つけられない」という課題があり、「簡単に保存したり、見返せるようにしたい」という欲求がある、

という共通点が、例として掲載した2人の共通項です。その他にも、この2人だけでも、全体を通して見てみると多くの共通点が発見できます。

今回の調査で得られたこと

今回の6名のユーザー調査で得られた内容をまとめました。

1 現在のニュースアプリへの不満

記事をもう一度確認したいができない	●現在、スクショを撮ったり、LINEで送ることでメモしている。スクショは便利だけど、写真アプリの中にスクショが混ざるのはマイナスポイント ●記事の内容を覚えていることもあるが、忘れてしまうことがあってストレス ●サイトを保存したり、後からまたすぐに閲覧できるようにしたい
複数のニュースアプリを利用している人は、関心のない記事が多いと離脱して、他のニュースアプリに移動する	●ユーザーごとに関心のある記事を出すことは重要
シニアの方にとって、小さい文字は見づらい	●文字が小さいと読みづらいとストレスを感じる ●適切な文字表現が求められる
シニアの方は、共有方法がわからない傾向がある	●LINEなどでの記事の共有方法を理解していない場合が多い ●口頭で伝えることが多い ●共有方法の周知についてもっと最適化をしたほうがいい
課題ではないがアプリを使い続けるために有効そうな参考要素	●習慣化することが大事。ニュースアプリは日常のルーチンに入りやすい性質を持っている 　例:毎朝家を出る前に天気を見る、通勤中に見る ●メインの目的は、時事ニュースなのでその満足度は重要である ●主要な時事ニュースが見やすいことが、ユーザーの満足度に影響を与える ●自分が気になっている話題のニュースがすぐに見つけられることも大事 ●サブの目的として、自分の趣味・趣向に関する情報の充実をユーザーは求めている 　例:スポーツ、グルメ、ファッション、特定のメディアなど ●通知などを活用した即時性も、アプリへの信頼性の向上につながっている

2 ニュースアプリを利用した後に起きた行動の変化

特定のニュース記事に対するユーザーのさらなる興味・関心に、ニュースアプリは応えられていない	ユーザーは、その記事の内容に関わる場所や営業時間などの基本的情報、公式サイト、口コミを見たいと思っている

ニュースアプリ内で欲しい情報などが得られないと、ユーザーは、アプリを離脱して、記事から生まれた目的の達成（調査・予約・購入・訪問など）のために行動を開始する	●ブラウザから検索サイトや特定のサイト、もしくは、特定のアプリに移動して、次のアクションを開始する ●ユーザーは、記事から生まれた目的の達成のために記事を見返すことはない
記事に関する映像を見たい時は、別の動画メディアへ行く	●20代〜30代：YouTube ●50代〜60代：テレビ

③ ニュースアプリとそれ以外のニュースとの接点の使い分け

　20代〜30代は、スマホ内で他のアプリでもニュースと触れる機会が多い。50代〜60代は、スマホ以外のメディアでの接点が多い。

🆄🆇 主に20代〜30代の意見

スマホ	●他の目的で開いたアプリで、時々ニュースが流れてきて、気になると見てしまう。SNSで初めて知るニュースもある ●TikTokのニュースの動画は見やすく、解説している動画も理解しやすいため、満足度が高い様子。興味がないものは、すぐにスキップできるのも好印象 ●自分が信頼している、もしくは興味を持っている人が、シェアしている記事だと興味が湧く（X、Facebook） ●明確に何かのニュース映像を見たい時は、YouTubeを利用する傾向が強い（すぐに目的の動画にたどり着けるため）

🆄🆇 主に50代〜60代の意見

テレビ	●受け身で見られることがいい。習慣化している 　例：同じ時間の同じ番組を見る ●信頼性を高く感じる
新聞	●信頼性を高く感じており、信頼性の高いと感じているメディアが出しているアプリは信頼できる ●テレビ欄は、新聞のほうが見やすい
雑誌	●独自の特集に興味が生まれて読む
ラジオ	●受け身でなんとなく聞いていて、気になった時だけちゃんと聞く

🆄🆇 コンテンツに関する意見

ニュースに関連する動画はニーズがありそう	●テレビでニュース映像を見る、もしくは見ていたという経験が全員にある ●映像のほうが見ていて楽しい／有益と感じる ●ただ動画が並んでいるだけだと、あまり見る気が起きない。映像は受動的に見られることがいい ●尺が長そうだと見たくない
オリジナルコンテンツがあるとより魅力が増しやすい	●テレビ・新聞・雑誌の魅力の1つにもなっている

　今回のユーザー調査で、今後のUX検討で活かせられそうな材料が出てきた印象があります。今後は、これらをもとに、新しいニュースアプリのコンセプトやアイデアを検討していきます。

プロジェクトのポイント

インタビューした結果、以下のことを仮説として整理することにしました。

- 現在利用しているニュースアプリに不満はないか
  - ▶ 記事を読み返したい時に、その記事を見つけられない
  - ▶ 50代以上の方にとっては、文字が小さいと見づらい傾向があったり、共有方法の周知がされていない、といった課題がある
  - ▶ 不満ではないが、効率よく時事ニュースの確認と趣味の情報収集をしたい
  - ▶ 同じく不満ではないが、ニュースのタブを自分で追加する時は、自分の趣味や身の回りのことを知るために行っている
- ニュースアプリを利用した後に起きた行動の変化はあるか
  - ▶ 記事によっては、その記事の情報を起点に行動を起こすが、現在のニュースアプリから離脱して行動している。そのため、そのつながりを強化することで、ユーザーにとっての利便性を高められる可能性がある
  - ▶ 記事に関わる映像が見たい時は、20代〜30代はYouTube、50代〜60代はテレビを活用している
- ニュースアプリとそれ以外のニュースとの接点をどう使い分けているか
  - ▶ 全体的な意見
    - 他のアプリでもニュースと触れる機会が多い。50代〜60代は、スマホ以外のメディアでの接点が多い
  - ▶ 20代〜30代限定
    - XやFacebookで自分が信頼している、もしくは興味を持っている人が、シェアしている記事だと興味が湧く
    - TikTokの動画は見やすく理解しやすい
  - ▶ 50代〜60代限定
    - テレビ・新聞は信頼性が高いと感じており、それぞれ習慣化されている
    - オリジナルコンテンツがあるメディアは、魅力が増しやすい
  - ▶ 両方の世代で似ている意見
    - 記事に関する動画は見ていて楽しく有益と感じておりニーズは高いが、ただ動画が並んでいるだけだと、見たいという気持ちにならない。両世代ともに、受動的な動画メディアの利用度は高く、20代〜30代はTikTok、50代〜60代はテレビを利用している

UI/UX検討のポイント

- インタビュー結果から共通項を導き出し、発見した共通の欲求・価値観・課題などを整理する
- 発見した共通項から仮説を立てて、今後のUXの検討に活用する

着想を得るための定性調査

107

UX

CHAPTER

3

企画

SCHEDULE

1 カ月目　　**2** カ月目　　**3** カ月目　　**4** カ月目

リサーチ

企業リサーチ
マーケットリサーチ
競合リサーチ

ユーザー調査　　　企画

準備 実施と分析｜　　受容性検証 └コンセプト
　　　　ペルソナ カスタマージャーニー

アイデア検討

要件定義 基本設計 ワイヤーフレーム

基本機能 メニュー 全画面の設計
連携機能　構成

ビジュアルデザイン

方向性　　　全画面の
　　デザイン案 デザイン

3 1 ペルソナの定義

　具体的な UX を企画する前に、ここまでのユーザー調査をもとに、私たちがターゲットにしている層がどういうユーザーなのかを整理してみましょう。「ペルソナ」という概念を使って、私たちのニュースアプリを利用してもらいたいユーザー像を明確にしていきます。

ペルソナとは？

　ペルソナとは、そのサービスの利用が想定されるユーザーを具体的にイメージ化した架空の人物像です。一般的に「ターゲット」と言われる年齢や性別や職業など大まかな属性を指すものをより具体化したものです。

　基本的なプロフィールに加えて、ライフスタイルや価値観、興味、悩みなど内面的な部分にもフォーカスして作っていきます。

ペルソナを作る目的と効果

　ペルソナを作る目的は、ユーザーに対してよりよいUXを提供するために必要な情報を整理することです。ペルソナを作ることで、次のような効果を期待できます。

ユーザーへの理解

　まず、第一に自分たちがターゲット層とするユーザーを正しく理解することです。UX検討の中心は、あくまで人です。ユーザーの状況や価値観を正しく理解することで、ユーザーに合わせたUXのデザインができます。その結果、ユーザーに合わせたUIやコンテンツの設計の精度を高められ、ユーザーの利便性や満足度を上げられます。

効果的な戦略の立案

　ペルソナを明確化することで、サービスの企画やマーケティングの戦略を立案できます。ユーザーの悩みやニーズがわかりやすくなるため、よりユーザーに寄り添った戦略を立てられ、その結果、よりユーザーのニーズに合ったサービスの提供ができる可能性が大きくなります。

プロジェクトチーム内での共通理解

　ペルソナを作ることで、自分たちが向き合っているユーザーへの共通理解をプロジェクトチーム内で得られます。今後、さまざまな判断をしていく中で、大きな判断材料となり、皆が納得できる判断がされることでスムーズにプロジェクトを進められます。

ペルソナの作り方

ペルソナで定義すること

　ペルソナを作る時に定義する項目は、プロジェクトによって異なります。それぞれのプロジェクトにおいて、定義することでより検討に活かせる項目や、よりユーザーを想像しやすくする項目を整理してから定義を行っていきます。
　定義する内容は、大きく次の3つに分類して整理することで、スムーズに

整理しやすくなります。

- **デモグラフィック属性（人口統計学的属性）**
  年齢、性別、居住地域、家族構成、職業、所得など
- **サイコグラフィック属性（心理学的属性）**
  趣味・嗜好、価値観、信念など
- **ビヘイビアル属性（行動学的属性）**
  習慣、利用頻度、利用目的、利用場所、購買商品など

ペルソナはユーザー調査をもとに作る

ペルソナは、ユーザー調査の結果をもとに定義します。ユーザー調査で得られたユーザーの傾向をもとに、次の点に注意して定義を行っていきます。

- **リアリティがあり、具体性があること**
- **主観で作らないこと**
- **定期的に見直すこと**

ペルソナは改善し続ける

注意すべき点は、ペルソナは必ずしも万能というわけではないという点です。ペルソナはあくまで想定のユーザー像であり、実際のユーザーと異なる場合もあります。そのため、ペルソナを作る際は、定量的なデータなども収集し、ペルソナを修正・改善することが大切です。

POINT
UI/UX検討のポイント
- UXの中心となる「人」を明確化するための「ペルソナ」を作ることで、①ユーザーへの理解が深まる、②効果的な戦略の立案がしやすくなる、③プロジェクトチーム内の共通理解が得られやすくなる、という効果がある
- 定義されたペルソナをメインのユーザーとして捉えて、今後のUX検討において1つの判断基準として活用する

ペルソナを作る

　ユーザー調査の結果をもとにペルソナを定義していきましょう。

　調査結果をもとに、代表的なクラスターを軸として、同じ世代の回答結果のうち、共通項となり得る価値観や行動パターンを整理して、そこにそのクラスターの属性などを付与していきます。

　今回は、20代〜30代、50代〜60代と大きく違うユーザー層が存在するので、次のような2つのペルソナを作成しました。

UX 20代〜30代の子育てしながら働く女性

佐藤 葵

効率よく時事ニュースを把握して、さらに興味のある情報に出会いたい

気になった情報があれば、自分で深掘りする

SNSでたまたま流れてきたニュースの記事や動画も気になると見てしまう

年齢	28歳
性別	女性
居住地	千葉県市川市
家族構成	夫（32歳）、女の子（2歳）の3人家族
住居形態	マンション（賃貸）
職業	金融業・保険業　営業事務
年収	個人：300万円 世帯：700万円
よく利用するアプリ	SNS、動画、ニュース、ショッピング、店舗検索・予約、教育

よく利用しているニュースアプリ

グノシー、LINE NEWS

ニュースアプリを利用するシーン

出かける前、通勤中、昼休憩中、子供の寝かしつけの後

ニュースアプリでよく見る記事

時事ニュース、ファッション、グルメ、子育て

基本的に時事ニュースを見るのは習慣になっている

趣味のファッションは、好きなのでつい見てしまう

美味しいものが好きなので、子供といけるレストランやテイクアウトできる行動範囲にあるお店の情報があるとつい見てしまう

子供が楽しめそうな場所やイベントがあると、見ることが多い

ニュースアプリでよく利用する機能

朝に天気を見るのが習慣、通知から開く、テーマ別のニュースから記事を見る

時事ニュースの把握と、趣味の情報収集のために使っている

すきま時間で効率よく見られるのがいい

現在利用しているニュースアプリへの不満

記事が見返したい時に、見つからない

興味のない広告が多い

ニュースアプリで記事を閲覧した後におこす行動

気になった情報があれば、ブラウザからさらに検索して訪問・購買をしている

ニュースに出てきた情報をさらに検索して調べる

気になった飲食店や店舗を検索して場所や時間を調べて行ってみる

子供とおでかけができそうなスポットを知って検索して行く

気になった商品を検索して口コミなど確認して購入する

ニュース記事を見返すことはない

ニュースアプリ以外でニュースを知るアプリやメディアそれらを利用する理由

TikTok、X、YouTube

ニュースが目的ではないが、見ていると出てくるので気になったニュースがあるとつい見てしまう。便利だなと思う

SNSで最初に知るニュースも多い

以前よりも動画でニュースを見ることが多くなった気がする

TikTokを見ていると、ニュース動画やニュース解説動画が流れてくるので興味があるものだとつい見てしまう

自分が信頼しているもしくは興味を持っている人が、シェアしている記事だと興味が湧く

特定のニュース動画を見たい時は、YouTubeで検索して見る

 50代〜60代の定年が近くなってきた男性

坂口 哲也

時事ニュースとスポーツニュースが好き

気になった情報があると人に教えたり、知った情報をもとに出かけることが多い

テレビや新聞でもニュースを習慣的によく見ている

年齢　63 歳
性別　男性
居住地域　神奈川県小田原市
家族構成　妻（52歳）・子供（男性24歳・女性20歳）※子供たちは1人暮らし
居住環境　戸建て（持ち家）
職業　電子部品・デバイス・電子回路製造業　販売
年収　個人／世帯：700万円
よく利用するアプリ　動画、ニュース、ショッピング、店舗検索・予約

よく利用しているニュースアプリ
Yahoo!ニュース、日本経済新聞 電子版、朝日新聞デジタル

ニュースアプリを利用するシーン
通勤中、仕事の合間

ニュースアプリでよく見る記事
時事ニュース、スポーツ、ビジネス、テクノロジー
ニュースが好きなので、時事ニュースをよく見る
野球を中心にスポーツが好きなのと、プロ野球やメジャーで活躍する日本人のニュースが気になるので、スポーツのニュースはよく見る
仕事が半分・個人的な興味が半分で、テクノロジー系の記事も見ることが多い
ビジネス系は、面白そうな記事があると見る
通知から開く
テーマ別のニュースから記事を見る

現在利用しているニュースアプリへの不満
関心のない記事が表示される
文字が小さいと、目が疲れる

ニュースアプリで記事を閲覧した後に起こす行動
気になった情報があると、ネットやテレビでもっと情報を得る
さらに、知った場所へ、妻と一緒に訪問したり旅行をすることもある
海外の好きな選手が活躍すると、帰宅後にテレビでスポーツニュースを見る
仕事に関連しそうな記事があると、後でパソコンで会社の人に送る
妻が好きそうな美術館の展示があると、妻に口頭で伝えて興味を示したら、美術館の場所を調べて一緒に行く
行ってみたい観光スポットがあったら、詳しく検索して妻と旅行に行くこともある

ニュースアプリ以外でニュースを知るアプリやメディアとそれを利用する理由
テレビや新聞は、信頼性が高いと感じているのと、ためになる特集などもあるので毎日習慣的に見ている。特にテレビは受け身で見られるのがいい
雑誌は、自分であまり買うことはないが、妻が買った雑誌が時々置いてあるので特集に興味が出て、それを見ることが時々ある
ラジオは、休みの日に運転中に流れているので、それでたまたま知ることがある

● ペルソナの粒度に気をつける

　それぞれのペルソナの名前の下に「まとめ」を記載しましたが、ペルソナの大事な価値観や行動パターンを端的に整理しておくことで、今後の検討に役立てやすくなります。

　ペルソナをまとめる時は、実施しているサービスやプロダクトの特性によっては、ストーリーを記載したり、さらに細かく書くケースがあります。それが有効な場合もありますが、今回のように広く多くの人に利用されるサービスの場合は、細かく具体化しすぎるとユーザー像が想像できる一方で、ペルソナに偏りが出すぎてしまい、重要なことが見えにくくなるケースがあるので注意します。

プロジェクトのポイント

今回定義したペルソナは2種類です。

- 20代〜30代の子育てしながら働く女性
  - ▶効率よく時事ニュースを把握して、さらに興味のある情報に出会いたい
  - ▶気になった情報があれば、自分で深掘りする
  - ▶SNSでたまたま流れてきたニュースの記事や動画も気になると見てしまう
- 50代〜60代の定年が近くなってきた男性
  - ▶時事ニュースとスポーツニュースが好き
  - ▶気になった情報があると人に教えることや、知った情報をもとに出かけることが多い
  - ▶テレビや新聞でもニュースを習慣的によく見ている

3

1

ペルソナの定義

リサーチやユーザー調査が終わり、ペルソナも整理され、必要な材料が揃ったので新しいニュースアプリの企画をしていきます。

「企画」とは？

ここで言う「企画」とは、ユーザーにとってどういった価値を提供するニュースアプリにしていくのか、また、その価値を実現するための機能やコンテンツは何なのかを具体的に検討していくことです。

今回の企画検討の目的は、ユーザー調査の時と同じく、現在の課題である「独自の機能やコンテンツが必要だと考えるがそれは何か」を解決するアイデアを導き出すことです。

アイデアを出すためのアプローチ

アイデアを出していくには、さまざまなアプローチがありますが、今回のニュースアプリの場合は、たとえば、次の観点で検討することができます。

① ユーザー調査の結果をもとにした検討

すでに実施したユーザー調査で得られた発見をもとにアイデアを広げることで、ユーザーの潜在的欲求にマッチした企画が作れないかを検討します。

② 既存機能やコンテンツの強化

現在のニュースサイトがすでに持っている機能の強化や、オリジナルコンテンツ（記事）を拡充することによってアプリの価値を向上させることで、ユーザーにとってより魅力的なニュースアプリにならないかを検討します。

③ 既存の資産の活用

クライアントが持っているニュース以外のサービス（ショッピングなど）やコンテンツ（レシピなど）をニュースアプリに導入することで、さまざまな価値をユーザーに提供し、ユーザーにとっての利便性を高められないかを

検討します。

④ 起動頻度を意識した検討

　ニュースアプリという起動頻度が多いと想定されるアプリだからこそ、その時々のユーザーの状態に合わせた情報や機能を提供することで、ユーザーにとってニュースだけではなく、より多くの目的のために起動できるアプリにできないかを検討します。

⑤ 課金機能の強化

　現在、動画や音楽はもちろんですが、ニュースなどのメディアにおいても一部のコンテンツをサブスクリプションで提供しているサービスが多く存在します。つまり、課金してまでユーザーが欲しいという機能やコンテンツの検討をすることで、より有益な価値をユーザーに提供できないかを検討します。

⑥ 弱点の強化

　他のニュースアプリと比較して、自社が持っていない機能やコンテンツがないかを確認します。もしあれば、それらを拡充し、他のニュースアプリと同等の価値を持つことで、後発のニュースアプリとしての弱点をカバーします。その結果、ユーザーがインストールするニュースアプリの選択肢の1つとして意識してもらえないかを検討します。

今回は「①ユーザー調査の結果をもとにした検討」を実施

　実際のプロジェクトでは、それぞれの観点で考えながら「独自の機能やコンテンツが生まれないか」「そのアイデアはこのニュースアプリに入れるべきか」を検討していきますが、今回は「①ユーザー調査の結果をもとにした検討」のみを軸に検討していきます。

　実際に読者の方がプロジェクトを実施する場合は、ぜひ、多角的な観点で考えてみてください。アイデアを出すための手法は世の中に多く存在しており、そういった手法も活用しながらぜひトライしてみてください。

　では、さっそくニュースアプリの企画をしていきましょう。

POINT

プロジェクトのポイント

● プロジェクトの課題である「独自の機能やコンテンツが必要だと考えるが
それは何か」を解決するアイデアを出すために、ユーザー調査から得られ
た発見をもとにした検討を行っていきます

POINT

UI/UX検討のポイント

● アイデアを出す時は、制限をかけずに多角的な観点で考えてみる
● アイデアを出すための手法は多く存在しているので、そういった手法も活
用しながら実施してみる

インタビューで得られた洞察

まずは、最初のプロセスとして、ユーザー調査で「現在のニュースアプリへの不満」として浮かび上がった洞察をもとに、アイデアを検討していきます。

UX 現在利用しているニュースアプリに不満はないか

- 記事を読み返したい時に、その記事を見つけられない
- 50代以上の方にとっては、文字が小さいと見づらい傾向があったり、共有方法の周知がされていない、といった課題がある
- 不満ではないが、効率よく時事ニュースの確認と趣味の情報収集をしたい

洞察を分析する

洞察を分解してみると、次の4つのポイントとして整理ができます。

① 記事を後で見返せるための保存機能、もしくは閲覧した記事の検索機能の検討
② シニアの方向けの文字のデザイン表現の検討
③ 記事の共有方法を、すべての年代で理解できるようにするための表現の検討
④ 時事ニュースと個人の趣味の情報を、効率よく収集するための仕組みの検討

このうち、②③は、見た目や表示などに関わる課題であり、画面の設計をする際に検討すればいいので、このフェーズでの検討はスキップします。

④についても、プロジェクトチーム内で議論した結果、「他の搭載する機能やコンテンツとセットで考えたほうがいいのでは」という話になり、今はまだ細かく検討せずに、要件が整理された後の全体の画面設計を行うタイミングで検討することになりました。

①については、ユーザー調査で得られた「ニュースアプリを利用した後に起きた行動の変化」とも、密接な関係を持つ可能性があります。よって、このプロセスでは「①記事を後で見返せるための保存機能、もしくは閲覧した記事の検索機能の検討」について検討していきましょう。

記事を後で見返せるための保存機能 もしくは閲覧した記事の検索機能の検討

機能の目的とその解決策を マインドマップで情報や思考を整理してみる

まず、記事の保存や閲覧した記事の検索機能の目的や、一般的な解決策を整理してみます。整理する方法はさまざまありますが、今回は、「マインドマップ」で情報や思考を整理して検討していきます。マインドマップは、最もオーソドックスな整理の方法の1つです。もちろん、1人でやるのではなく、プロジェクトメンバーと議論したり、ユーザー調査の内容を見返しながら整理します。

まずは、この機能でユーザーが達成したいことを目的として定義して、検討の前提となる共通認識を作ります。

目的：一度読んだ記事にもう一度簡単にアクセスしたい

再び記事にアクセスしたい理由を利用シナリオごとに整理する

次に、なぜ再びアクセスをしたいのかを、利用シナリオごとに整理します。今回は、次の2つのシナリオを想定します。

① 記事を見た時に後でもう一度読みたいと思った時
② 一度見た記事を、ふとした時にもう一度見たいと思った時

ユーザー調査で出てきたのは、主には★の部分です。

これまでの解決方法を整理する

そして、それを今まで同じようなことがあった時に、どうやって解決していたかを整理します。

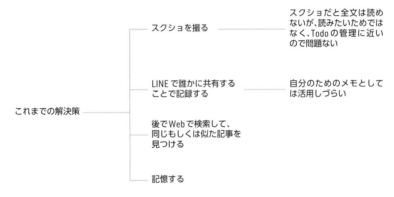

こうやって整理しながら議論してみると、ニュースアプリにおいて、1つの記事を見るのはそこまで時間がかからないため、「後で読む」という欲求は実は少ないのかもしれないという意見が多く出ました。

仮説を考える

仮説ですが、記事を後で読むために保存することは、実はあまり求められておらず、その記事をもとに後で調べたり購入したりするためのTodoの管理だったり、思い出すためのきっかけになることが求められているのだと感じてきました。

ニュースアプリへの不満を解決するアイデアの検討

121

よって、「リマインドする機能」も今回検討する機能に入れてみます。

類似の機能や手法からアイデアのヒントを得る

さらに、記事を見返すための類似機能や方法として、どういったものがあるかを洗い出し、それぞれのメリットとデメリットを整理します。

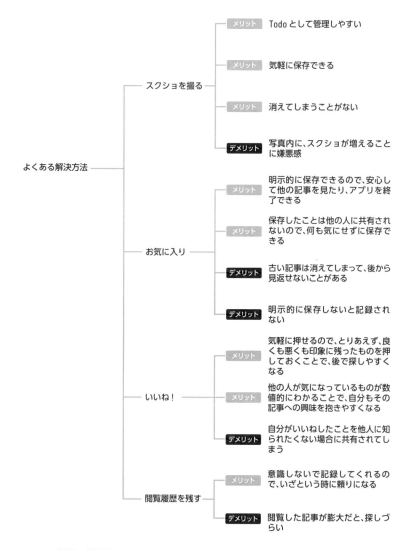

4つの方法が議論の中で出てきました。これらの方法を選ぶ、もしくは組み合わせることによって「一度読んだ記事にもう一度簡単にアクセスしたい」

という目的を達成する方法を考えていきます。

　この4つの機能や方法を客観的に見てみると、「スクショを撮る」「お気に入り」「いいね！」のようにユーザーによる明示的なアクションが必要な方法と、「閲覧履歴を残す」のようにユーザーによる明示的なアクションが不要な方法の2つに分けられることに気づきます。これらは、ユーザーのインタラクションが大きく違うので、分けて検討を行います。

ユーザーによる明示的なアクションが必要な方法での検討

　さて、ここからは具体的なアイデアに落とし込んでいく作業に進みます。まずは、ユーザーによる明示的なアクションが必要な方法での検討を行います。

メリットを抽出してみる

　はじめに、明示的なアクションが必要な機能のメリットを先ほどのマインドマップの内容も活用して整理してみましょう。

スクショ
- 消えることがないので、メモ感覚で安心して保存しておける

お気に入り
- 自分が残しておきたいものを明示的に残しておける
- 後でもう一度記事が読める
- 他の人に共有されないので、なんでも保存できる

いいね！
- 気軽に押せる

機能として定義してみる

　メリットとして書かれたことを言い換えて、いいとこ取りした1つの機能として定義してみましょう。さらに、先ほど出てきた「リマインドする機能」も加えてみます。

UX **簡単にもう一度記事にアクセスできる機能の要件案**

- 元の記事のURLにアクセスできること
- スクショのように保存できること
- 保存したことは他人に共有されないこと
- 記事をリマインドできること

UIに落とし込んでみる

　定義してみたことに無理がないかを客観的に見ながら、1つの体験として成立するかを確認するために、実際のUIをラフに作ってみましょう。UIを作ることで、検討結果が視覚化され、プロジェクトチーム内での共通認識がとりやすくなり議論も活発になります。

　このタイミングでUIを作る時は、オリジナリティあふれたUIにしないことがポイントです。ここで議論すべきは、UIの良し悪しではなく、アイデアの良し悪しです。UIの良し悪しについて議論が及ばないようにするために、似たような機能が持つ一般的なレイアウトをそのまま利用するようなUIで作ることで、この段階でまだフォーカスすべきではない議論を省けます。

　ということで、さっそくUIに落とし込んでみました。

UX 「簡単にもう一度記事にアクセスできる機能」のUIイメージ

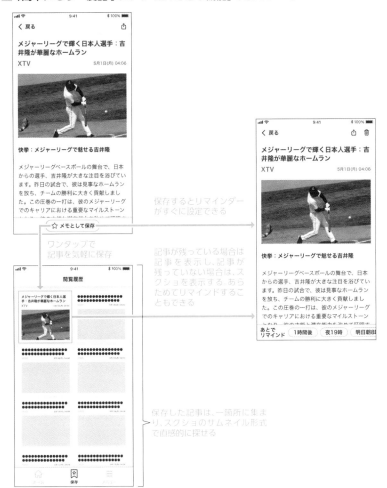

　画面の細部にこだわるというよりも、表現したかったことが端的に具現化できていることが大切となります。

　出来上がったものは、1つのアイデアとしてとっておきます。

ユーザーによる明示的なアクションが不要な方法での検討

　次にもう1つのユーザーによる明示的なアクションが不要な「閲覧履歴を残す」について考えてみましょう。

自分自身を観察してみる

「閲覧履歴」は、たとえばブラウザやEC サイトなどで、検索キーワードの履歴や閲覧履歴がさまざまな形で自動的に記録されるものです。いざという時にそこから探すことで目的のサイトが見つかったり、検索ワードを入力する際に過去の検索履歴から入力を補完してくれるので役に立ちます。

では、「ニュースアプリ」にとっての閲覧履歴は、どういったものがいいのでしょうか？ こういった議論を行う際は、自分自身を1人のユーザーとして観察することが大切です。

「5W1H」方式で整理する

自分自身を客観的に観察しやすいように、こちらの機能をユーザー調査のインタビュー内容を策定した時にも利用した「5W1H」方式で考えてみましょう。

また、今回は「履歴に保存する」という行為と、「履歴から探す」という行為が存在するので、分けて整理します。書きながら、検討が必要そうなことやぱっと思いつかないことは同時にメモ（色文字）して、一つひとつ検討していきます。さっそく、この2つの行為を「5W1H」方式で整理しました。

	履歴に保存する	履歴から探す
Who (誰)	アプリが	ユーザーが
When (いつ)	ユーザーが記事を見た時	以前見た記事を探したい時
Why (なぜ)	後でもう一度見たくなるかもしれないため	もう一度見たくなったため
Where (どこに／どこで)	アプリ内に ① サーバーにも保存？	アプリ内で
What (何を)	見た記事を保存する ② 「見た」と「読んだ」は違うのか？	もう一度見たい記事を探す
How (どのように)	自動的に保存する ③ どれくらいの期間を保存する？	④ どうやって探すのがいいのか？

検討が必要そうなことが4つ出てきたので、一つひとつ検討していきます。

① どこに「履歴に保存する」のか

ユーザーに関わるデータをアプリに保存する場合は、その「復元性」がセットで検討が必要です。「復元性」とは、アプリを再インストールした時に、

その情報が復活するかです。たとえば、同じアプリをiPhoneとAndroidで起動して同じ内容を表示するには、ユーザーがログインすることでサーバーに保存されている内容を両方のアプリで表示できるようにする、と考えるのが一般的です。

ただ、今回は、現時点でアプリへのログインをさせるかどうかなどについては未検討ですので、一旦、今回はこの件については検討を先送りしておきます。

② 何を「履歴に保存する」のか

ここでの議論ポイントは「どの状態の記事を保存するか」です。つまり、「読もうとして記事を見たけど、途中で読むことをやめた記事」も保存するのか、「記事を最後まで読んだ記事」のみを保存するのかです。今回は、後からユーザーが取捨選択できるように、最後まで読んだかどうかにかかわらず見た記事すべてを保存することにします。

③ どれくらいの間「履歴に保存する」のか

ユーザーに関わるデータをアプリに保存する場合は、「量」について考えます。それは、アプリ内で保存してもサーバーに保存しても、ストレージを利用することになるからです。ユーザー調査の結果を確認したり、プロジェクトチーム内で議論して、適切な量を検討してみましょう。

今回は、次のような議論の結果、10日分を保存するという結論となりました。

- 見た記事を、後から見返したい時は、会社に着いた時、帰宅後など、短い期間内で行われそうである
- 週末などに誰かに会ってふと思い出すというケースを考慮しても、せいぜい1週間、それを過ぎると、わざわざニュースアプリから探すというよりも、ブラウザから検索しそう
- 不安であれば、長くても10日間か2週間もあれば十分ではないか
- ということで、まずは、10日間からスタートしてみる

④ どうやって「履歴から探す」のか

これまでの検討の結果、「ユーザーが見た記事を、自動的にアプリが10日間分保存」することを考えていますが、保存した記事をどのようにユーザー

が探せるようにすることで、目的の記事にたどり着きやすくできるのかが、議論のポイントです。

　何かを「探す」という機能を考える時に大事なことは、「明示的に探す」と「感覚的に探す」という2つに探すためのアプローチを用意することです。

今回の検討結果

　今回は、プロジェクトチーム内での議論の結果、記事の閲覧履歴・検索をするための方法は、次のように整理されました。

明示的に探す方法

● キーワードから探す

　記事に載っていたキーワードをユーザーが入力することで、目的の記事にたどり着くことをサポートします。キーワードによる検索の場合は、その検索対象も必ずセットで考えます。今回は、記事のタイトル・本文を検索対象とし、それ以外の記事のカテゴリ・媒体名は検索の対象外とします。

感覚的に探す方法

● 日付から探す

　先ほども議論したように、後で見返す行為は、短い期間で探せることが多いと想定しています。その時に、今日見た／昨日見た／今週見た、といった「いつ見た」という記憶はユーザーに残っているのではないかと想定します。よって、日付単位、週単位などでまとまっていると探しやすくなると考えます。今回は、10日間が保存期間なので、日付単位での検索を可能にすることにしました。

● カテゴリから探す

　閲覧した記事のうち、記事のカテゴリ（経済、スポーツ、エンタメ、など）の情報から探すことで、目的の記事にたどり着くまでの時間を短縮できる可能性があります。カテゴリの活用は大きく2つあり、1つはそのカテゴリで絞り込めるようにするか、もう1つはその記事の付帯情報としてカテゴリ名を表示するかです。今回は、プロジェクトチーム内の議論の結果、絞り込むほどの機能は不要で、カテゴリ名の表示だけを行う、という整理になりました。

機能として定義してUIに落とし込む

では、先ほどと同じように、議論されたことを言い換えて、1つの機能として定義してみましょう。そして、ラフなUIを作り、プロジェクトチーム内の共通認識を作ります。

┧ 記事の閲覧履歴を記録・検索するための要件案

閲覧履歴の保存
- ユーザーが閲覧した記事を自動的に記録する
- その記事の画面を表示した時点で記録する
- サーバーにも保存するかは、今後検討
- 履歴は10日間のみ保存され、それ以降は自動的に削除される

記録の検索
- キーワードで検索でき、検索対象は記事のタイトル・本文とする
- 日付単位で、閲覧した記事の一覧を確認できる
- 記事のカテゴリ情報も表示する

ニュースアプリへの不満を解決するアイデアの検討結果

　ということで、「現在のニュースアプリの課題」をもとに「記事を後で見返せるための保存機能、もしくは閲覧した記事の検索機能」についての検討が行われ、その結果、2つの解決策のアイデアが生まれました。

POINT

プロジェクトのポイント
「記事を後で見返せるための保存機能、もしくは閲覧した記事の検索機能」として、2つの解決策のアイデアが出されました。
- 気軽に記事を保存し、リマインドもできる機能
- 記事の閲覧履歴を記録し、検索できる機能

POINT

UI/UX検討のポイント
- 検討すべき議題に応じて、最適なアプローチ方法を見つける
- 整理したアイデアを、プロジェクトチーム内で共通認識をとるために、ラフでいいので画面にして、それがアイデアとして成立するかをUIを通して確認する
- UIを作る時は、議論されるポイントがUIとしての良し悪しではなく、アイデアの良し悪しにフォーカスされることを意識して一般的なUIを作る

インタビューで得られた洞察

次に、ユーザー調査で得られたこちらの洞察をもとに、アイデアを検討していきます。

UX ニュースアプリを利用した後に起きた行動の変化はあるか

- 記事によっては、その記事の情報を起点に行動を起こすが、現在のニュースアプリから離脱して行動している。そのため、そのつながりを強化することで、ユーザーにとっての利便性を高められる可能性がある
- 記事に関わる映像が見たい時は、20代〜30代はYouTube、50代〜60代はテレビを活用している

ユーザーの行動を整理する

この「ユーザーが記事を閲覧した後に起こす行動の利便性を向上する」というアイデアを検討するために、ユーザーの行動を整理することで、課題やニーズを確認していきます。そのために、ここでは「カスタマージャーニー」を利用します。

カスタマージャーニーとは？

カスタマージャーニーとは、その製品やサービスを利用する際に、ユーザーがその過程で経験する一連のストーリーを可視化したものです。

ユーザーが特定の行動をするために経験したステップやインタラクションや、その時のユーザーの感情などを整理して図に落としていきます。その出来上がった図のことを「カスタマージャーニーマップ」と呼びます。

カスタマージャーニーを作る目的と効果

　カスタマージャーニーを作る目的は、ペルソナが特定の目的を達成するまでに、その製品やサービスに触れる前、触れている間、そして触れた後にどのような体験をしているのかを理解し、改善に役立てることです。

　その結果、次のような効果を期待できます。

ユーザーのニーズや課題の把握

　ペルソナの一連の体験を客観的に把握することで、ペルソナがどのような課題やニーズがあるかを理解することができます。ユーザーの課題やニーズを把握することで、その製品やサービスのペルソナにとって最も有効となるカスタマージャーニーを描きやすくなり、製品やサービスの一連のUXが向上しやすくなります。

タッチポイントや機能の最適化

　課題となるポイントやニーズが満たせていないポイントが明確になることで、検討すべきポイントが絞られるため、効果的に戦略が検討しやすくなります。その結果、ペルソナと製品やサービスとのタッチポイントを最適化したり、機能を改善することで、よりストレスのないUXを提供できます。

プロジェクトチーム内での共通理解

　ペルソナの策定の時と同様に、カスタマージャーニーを作ることで、プロジェクトチーム内でユーザーのニーズや課題への共通の理解を得られます。プロジェクトチーム内で共通の価値観を築いていくことは、プロジェクトの進行にとても大切です。その結果、意思決定などの判断が明確な基準で行え、スムーズにプロジェクトを進行できます。

カスタマージャーニーの作り方

　カスタマージャーニーを作る時は、ペルソナをもとに、そのユーザーの行動とその時のタッチポイント、その時の思考や感情をフェーズごとにまとめていきます。

ステージ	■■■■■▶	■■■■■▶	■■■■▶	■■■■■▶
行動				
タッチポイント				
思考				
感情				
気づき				

ステージ

ユーザーがその製品やサービスを利用する際の段階を定義します。たとえば、商品の購入であれば、「認知・興味」→「情報収集・比較検討」→「意志決定・購入」→「リピート」などとなります。このステージは、製品やサービスにおいて異なります。各ステージは、このステージを踏まないと次のステージに進まないものとして整理すると定義しやすくなります。

行動

各ステージでユーザーが行う具体的な行動を定義します。たとえば、「検索する」「○○の機能を使う」などとなります。

タッチポイント

各行動において、ユーザーが製品やサービスと閲覧・操作などのインタラクションを行う接点を定義します。たとえば、「検索エンジン」「○○画面」などとなります。

思考

そのタッチポイントにおいてユーザーが行動を行う際にユーザーが考えていることを定義します。たとえば、「サイズはあるのかな？」「いつ届くのかな？」などとなります。

感情

　その行動において、ユーザーがどういう感情を抱いているかを定義します。たとえば、「これ欲しい！」というポジティブな感情や「面倒くさい」といったネイティブ感情などとなります。感情をポジティブ～ネガティブで5段階くらいに分けて、行動ごとに定義して感情曲線をグラフとして表現していきます。これにより、ユーザーの抱えている不満やストレスを特定していきます。

　この思考と感情は、ひとまとめに書く場合もあります。

気づき

　各行動における気づきや課題をまとめていきます。たとえば「写真に魅力がない」「○○に気づかない」などとなります。最終的には、ここで整理された課題を解決するための改善策を考えていくことになります。また、それらの課題のうち、その課題が原因で次のステージに進めない場合は、特に重要な課題として扱います。

　こうやって、カスタマージャーニー上で抽出されたユーザーの悩みや課題を「ペインポイント」と呼びます。

POINT

UI/UX検討のポイント
- ●ペルソナをもとにカスタマージャーニーを作ることで、①ユーザーのニーズや課題の把握、②タッチポイントや機能の最適化、③プロジェクトチーム内での共通理解、という効果がある
- ●カスタマージャーニーから得られた気づきや課題をもとに、UXの改善ポイントを明確化して、その解決策を考えていく

対象とするシチュエーション

では、さっそくカスタマージャーニーを作っていきましょう。

ペルソナを作った時の内容を参考にしながら、次の3つの内容を対象にします。

① ニュースを深掘りする
- ニュースに出てきた情報をさらに検索して調べる

② 記事で知った場所・イベントに行く
- 気になった飲食店や店舗を検索して行ってみる
- 子供とおでかけしそうなスポットを知って検索して行く
- 妻が好きそうな美術館の展示があると、妻にその記事を見せて、興味を示したら、美術館の場所を調べて一緒に行く
- 行ってみたい観光スポットがあったら、詳しく検索して妻と旅行に行くこともある

③ 記事で知った商品を購入する
- 気になった商品を検索して購入する

3種類のカスタマージャーニー

今回は、アプリ起動を起点として、そこから記事と出会い、そこから最終的な行動を実行するまでのストーリーをカスタマージャーニーとして整理をします。ユーザー調査の結果などを参考に、次の3つのカスタマージャーニーを作ります。

① ニュースを深掘りする
② 場所やイベントに行く
③ 商品を購入する

それぞれ、似たような行動もあるので、ユニークなポイントのみわかりやすいようにまとめてみました。

UX ① ニュースを深掘りする

ステージ	記事を探す		興味・関心	
	アプリを起動	記事を探す	記事の閲覧	
行動	● すきま時間でアプリを起動	● なんとなく記事を開く ● 目的のテーマの記事を探す	● 記事を閲覧して興味のある情報を見つける	
タッチポイント	【アプリ内】 ● PUSH通知 ● ホーム画面	【アプリ内】 ● 記事一覧の画面 ● 記事詳細の画面の関連記事エリア	【アプリ内】 ● 記事詳細の画面	
思考・感情	😊 通知で来ていたこのニュースが気になる 😊 何か気になるニュースないかな 😊 話題になっているあのニュースはどうなったんだろう	😊 このニュース、気になる! ☹ 見たい記事がないな…	😊 この記事で書かれている情報(企業、製品、人物、事象など)についてもっと知りたい ☹ 知りたいことがアプリ内にない… ☹ 後で調べようと思っても、その記事が見当たらなくて困る	
課題	● 通知の内容が興味・関心を引けているか ● すきま時間に本アプリを起動することが習慣化されているか ● 特定のニュースが見たいという時に、本アプリが選択されるか	● 興味のある記事が優先的に表示されるか ● 興味のある記事が探しやすいか ● 自分が興味を抱きやすい記事であることが開く前にわかるか	● 知的好奇心が生まれたのにそれが得られない ● 記事を保存できない	

※「ユーザーが記事を閲覧した後に起こす行動の利便性を向上する」の内容に関連する項目を色文字にしています。

| 検索 | 情報の獲得 |

- 検索サイトで気になったことを検索する | ● 検索したサイトで情報を閲覧する

【アプリ外】
● 検索サイト

【アプリ外】
● 外部のサイト

😊 もっと詳しく知りたい

😊 知りたいことが見つかった

🙁 ニュースアプリからブラウザアプリに
　切り替えるのが面倒くさい

😐 なかなか知りたい情報にたどり着けない

😐 検索したいキーワードをコピーして、
　ブラウザにペーストするのが
　面倒くさい／覚えるのが面倒くさい

● スムーズに検索に移行できない

● 知りたい情報を得るのに時間がかかる

● アプリから離脱してしまう

ステージ	記事を探す		興味・関心	共有	
	アプリを起動	記事を探す	記事の閲覧	共有	
行動	● すきま時間で アプリを起動	● なんとなく記事 を開く ● 目的のテーマの 記事を探す	● 記事を閲覧して興味 のある情報を見つける ● メモのためにスクリーンショットを撮る (20代〜30代のみ)	● 第三者に記事を 他のアプリ経由 で共有する	
タッチポイント	【アプリ内】 ● PUSH 通知 ● ホーム画面	【アプリ内】 ● 記事一覧の画面 ● 記事詳細画面の 関連記事エリア	【アプリ内】 ● 記事詳細の画面	【アプリ内】 ● 共有ボタン	
思考・感情	😏 通知で来ていたこのニュースが気になる 😏 何か気になるニュースないかな 😏 話題になっているあのニュースはどうなったんだろう	😊 このニュース、気になる! 😐 見たい記事がないな…	😊 その場所にまつわる情報(詳細・口コミ、価格など)をもっと知りたい 😊 この記事で書かれている情報(企業、製品、人物、事象など)についてもっと知りたい 😞 知りたいことがアプリ内にない 😞 後で調べようと思っても、その記事が見当たらなくて困る	😊 この記事を●● に教えたい	
課題	● 通知の内容が興味・関心を引けているか ● すきま時間に本アプリを起動することが習慣化されているか ● 特定のニュースが見たいという時に、本アプリが選択されるか	● 興味のある記事が優先的に表示されるか ● 興味のある記事が探しやすいか ● 自分が興味を抱きやすい記事であることが開く前にわかるか	● 知的好奇心が生まれたのにそれが得られない ● 記事を保存できない	● 共有の方法が分からない(特に50代〜60代)	

※「ユーザーが記事を閲覧した後に起こす行動の利便性を向上する」の内容に関連する項目を色文字にしています。
※前のカスタマージャーニーと共通の項目は、文字の色を薄くしています。

情報収集	解決	予約・訪問
検索	情報の獲得	具体的な行動
● 検索サイトで気になったことを検索する	● 検索したサイトで情報を閲覧する	● 予約する ● 現地に訪問する
【アプリ外】 ● 検索サイト	【アプリ外】 ● 外部のサイト	【アプリ外】 ● 現実の場所
☺ もっと知りたいことを見つけたい	☺ 知りたいことが見つかった	☺ 行きたいところに行けた
		☹ 展示の内容によってはまた行きたいが、タイムリーに情報をキャッチするのが難しい
		● 訪問した場所にまつわる情報を継続的に得たいが、術がない

ユーザーの行動の利便性を向上させるアイデアの検討

139

ステージ	記事を探す		興味・関心	共有	
	アプリを起動	記事を探す	記事の閲覧	共有	
行動	● すきま時間で アプリを起動	● なんとなく記事 を開く ● 目的のテーマの 記事を探す	● 記事を閲覧して興味 のある情報を見つける ● メモのために スクリーンショット を撮る	● 第三者に記事を 他のアプリ経由 で共有する	
タッチ ポイント	【アプリ内】 ● PUSH 通知 ● ホーム画面	【アプリ内】 ● 記事一覧の画面 ● 記事詳細画面の 関連記事エリア	【アプリ内】 ● 記事詳細の画面	【アプリ内】 ● 共有ボタン	
思考 ・ 感情	😌 通知で来てい たこのニュー スが気になる 😌 何か気に なるニュース ないかな 😌 話題になってい るあのニュース はどうなったん だろう	😊 このニュース、 気になる! 😟 見たい記事が ないな…	😊 この記事で書かれて いる商品の情報 (詳細・口コミ、価格、 取扱店舗、発売時期 など)をもっと知り たい 😟 知りたいことがアプ リ内にない 😟 後で調べようと 思っても、その記事 が見当たらなくて 困る	😊 この記事を●● に教えたい	
課題	● 通知の内容が興 味・関心を引け ているか ● すきま時間に 本アプリを起動 することが習慣 化されているか ● 特定のニュース が見たいという 時に、本アプリ が選択されるか	● 興味のある記事 が優先的に表示 されるか ● 興味のある記事 が探しやすいか ● 自分が興味を抱 きやすい記事で あることが開く 前にわかるか	● 知的好奇心が生まれた のにそれが得られない ● 記事を保存できない	● 共有の方法が 分からない(特に 50代~60代)	

※「ユーザーが記事を閲覧した後に起こす行動の利便性を向上する」の内容に関連する項目を色文字にしています。
※前のカスタマージャーニーと共通の項目は、文字の色を薄くしています。

情報収集	解決	予約・訪問
検索	**情報の獲得**	**具体的な行動**
● 検索サイトで気になったことを検索する	● 検索したサイトで情報を閲覧する	● 予約する ● お店に行く ● 購入する
【アプリ外】 ● 検索サイト	【アプリ外】 ● 外部のサイト	【アプリ外】 ● 現実の場所 ● Web サイト
😊 もっと知りたいことを見つけたい	😊 知りたいことが見つかった	😊 **買いたいものが買えた** 😕 この商品に関連する情報があるならまた得たいが、タイムリーに情報をキャッチするのが難しい
		● 購入した商品にまつわる情報を継続的に得たいが、術がない

改善すべきポイントを整理する

　これらのカスタマージャーニーで抽出できたペインポイントを、テーマである「ユーザーが記事を閲覧した後に起こす行動の利便性を向上する」に絞ると、次のように整理できます。

行動	思考	ペインポイント
興味のある記事と出会った時	知的好奇心が生まれ、さらなる情報が欲しい	① アプリ内で知りたい情報が得られない ② アプリを切り替えて、ブラウザで検索することが面倒くさいし、時間もかかる。アプリから離脱もしてしまう
	後で、もう一度確認したい	③ 記事が保存できないため、見つからなくなってしまう
	第三者に共有したい	④ 記事を送る方法がわからない
興味のある記事をもとに具体的な行動をした時	関連する情報を今後も得たい	⑤ 関連する情報を得る方法がない

プロジェクトのポイント

カスタマージャーニーをもとに、「ユーザーが記事を閲覧後に起こす行動に対するつながりを強化することで、ユーザーにとっての利便性を高められるか」というテーマに対して見えてきたペインポイントは以下の通りです。
① 記事に関する情報をさらに得たいが、アプリ内で得られない
② 記事に関する情報をさらに得るために、ブラウザを立ち上げ検索することが面倒である
③ 後で見返したい記事が、見つからなくなってしまう
④ 記事を第三者に共有したいが、その方法がわからない（特に50代〜60代）
⑤ 記事をもとに具体的な行動をした内容については、今後も積極的に情報を得たいが、得る方法がない

解決策のアイデアを考える

　カスタマージャーニーを用いて明確になったペインポイントのうち、「③後で見返したい記事が、見つからなくなってしまう」については、3-3の「ニュー

スアプリへの不満を解決するアイデアの検討」ですでに検討がされました。
「④記事を第三者に共有したいが、その方法がわからない（特に50代〜60代）」
については、画面内での細かい表現や配置の問題と想定がされるので、この
タイミングでは検討しません。

　よって、今回検討すべきペインポイントは①②⑤となり、あらためて課題
をまとめると次の通りとなります。

行動	思考	ペインポイント
興味のある記事と出会った時	知的好奇心が生まれ、さらなる情報が欲しい	記事に関する詳しい情報がアプリ内で得られないため、アプリから離脱して、ブラウザを立ち上げて検索しているが、ユーザーはそれを面倒と感じている
興味のある記事をもとに具体的な行動をした時	関連する情報を今後も得たい	記事をもとに具体的な行動をした内容については、今後も積極的に情報を得たいが、得る方法がない

　これらの課題を、ユーザーの目線で順番に考えていきます。今回は4つの
ステップで検討を進めていきます。

　まずは、ユーザーが興味のある記事とは何かを明確にし、記事で表示した
い情報を定義することから始めます（STEP1）。次に、その記事をユーザー
がいつ見たいのかを定義します（STEP2）。こうすることで、ユーザーが興
味のある記事を見たい時に見ることができる企画を検討できます。

　その検討が終わったら、一旦立ち止まり、今度は目線をユーザーから、ア
プリを展開するクライアントや私たちの目線に切り替えます。そして、ビジ
ネス観点で課題がないかを確認します（STEP3）。

　最後に、ユーザーの興味の記事を一時的にではなく、継続的に提供する方
法を検討します（STEP4）。興味のある記事であれば、その後、受動的に記
事が自分に届いたほうがうれしいはずですし、アプリとしてもアクセスが増
えるのでビジネス観点としてもうれしいはずです。

　では、さっそく検討していきます。

STEP1　ユーザーが何を見たいのかを定義する

主なケースと知りたい情報

　まずは、ユーザーは何を見たいのかを明確化するところから始めます。今
回は「興味のある記事と出会った時」に、ユーザーがさらなる詳しい情報が
欲しいと思ったがユーザーがアプリ内で得られずに、ブラウザで自分で検索

して調べている「記事に関する詳しい情報」の定義を行います。検討材料として活用できるユーザー調査で出てきた主なケースをもとに、そこで知りたい大まかな情報と、さらにそれを画面に表示するための構成要素に分解して整理します。

ケース	知りたい情報	表示する情報
記事に出てきた「人」が気になる	その固有名詞に関する基本的な情報	概要、画像
記事に出てきた「お店」が気になる	お店に関する情報	場所、営業時間、口コミ、公式サイト
記事に出てきた「スポット」が気になる	スポットに関する情報	場所、営業時間、口コミ、公式サイト
記事に出てきた「イベント」が気になる	イベントに関する情報	場所、営業時間、開催期間、口コミ
記事に出てきた「商品」が気になる	商品に関する情報	価格、口コミ

アプリに掲載できそうな情報の選定

「表示する情報」は、その記事内でユーザーが見たい情報ですが、技術的に実現できるかどうかはそこまでしっかり考えずに、まずはアプリに掲載できそうな情報は掲載し、それ以外は検索導線を設ける前提で進めてみます。ただし、画像や口コミについては、権利関係の問題もありそうなので最初からアプリ上に表示することは考えずに、それらを検索する導線を設置する形で検討します。

このユーザーが見たい情報を、My Channelが持っているサービスで提供していれば、イントロダクションで整理した「課題③：どうやってMy Channelの他のサービスへ誘導するか？」を解決するためにも有効だといえそうです。興味のある記事と、すでにMy Channelが持っているサービスが連携することで、そちらのサービスへ自然の流れで誘導して送客できます。

STEP 2 ユーザーがいつ見たいのか

いつ見たいのか＝どこに表示するのか

さて、これらの情報を「いつ見たいのか」とすると、記事を読み終わった後にも「もっと知りたい」と思うことが自然だと考えられるので、「記事を読み終わった後に見たい」として整理します。よって、記事が終了した直後のエリアに表示することにします。

　まずは、記事にでてきた「人」が気になったケースで、UIに落とし込んでみました。「人」の場合に表示する情報は、「概要」と「画像」です。

　概要を掲載して、Wikipediaで追加の情報を閲覧できる導線を設置し、画像も検索できる導線を設置しました。画像の検索は、Googleなどの画像検索を想定しています。

　また、「関連情報」エリアは、ユーザーにとって有益な情報だと仮定し、記事を表示した時に関連情報があることを示すためのフローティングボタン（スクロールしても同じ位置に表示し続けるボタン）を設置しました。このボタンをタップすると、関連情報が表示されているエリアへスクロールして移動します（関連情報のエリアを表示している時は、そのフローティングボタンは一時的に消える）。

記事終了後の関連情報　　　　　　　関連情報への誘導

　次に他の「お店／スポット」「イベント」「商品」についても、同様にUIに落とし込んでみます。

　記事の最後に、必要そうな情報や検索導線が設置されていて、次のアクションがスムーズに行えそうです。

お店／スポット　　　　イベント　　　　　　商品

STEP 3　ビジネス観点でチェックする

アプリ側としてはアプリから離脱してほしくない

　ユーザー目線で形にしてみたら、一旦立ち止まり、ビジネス観点で出来上がったUIを確認していきます。アプリは、あくまでビジネスなので、ユーザー目線で進めつつ、定期的にビジネス観点での確認を行っていくことも大切です。

　今までだと、こういった情報を見るためには、ユーザーはニュースアプリから離れ、SafariやChromeなどのブラウザアプリへと移動し、ニュースアプリから離脱していました。そしてユーザー調査の結果からは、一度離脱するとアプリにはなかなか戻って来てくれないこともわかっています。

　アプリとしては、ニュースアプリの中をユーザーに回遊してもらい、収益につなげたいので、できれば離脱は避けてもらいたいと考えます。ただ、それはアプリ側の都合なので、こういう時は、ニュースアプリに留まってもらう価値があるとユーザーに感じてもらえるような便利な機能に進化できるアイデアを考えてみることにトライします。

　アプリから離脱をされたくないというアプリ側の思いから考えると、導線をタップしてもブラウザアプリには移動せずに、アプリ内のブラウザ機能で遷移先のサイトを表示を行う方法をとることになります。

ユーザー側としては便利に情報収集したい

　ここからは、UIに落とし込みながら考えていきたいと思います。

次に、ユーザーがブラウザでやりたいこととしては、情報収集＝サイトの閲覧です。理想としては、アプリ内のブラウザを使っている時も、SafariやChromeなどのブラウザアプリと同じようにタブ切り替えなんかもあると便利そうですが、それだとブラウザ自体を作ることになり大きな開発コストがかかりそうです。アプリ内のブラウザでは、そこまでの機能性は求めない代わりに、すぐに過去に見たページに戻れるように、下部のツールバーに閲覧履歴がすぐに表示できるボタンを設置しました。これをタップすると、その記事をきっかけに閲覧したサイトの一覧のみが表示され、タップするとそのサイトを再び表示できるようにして、ユーザーの情報収集をサポートします。

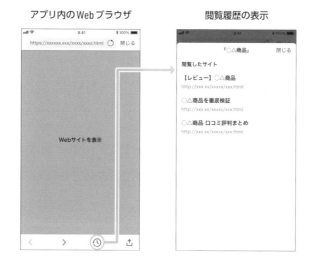

アプリ内のWebブラウザ　　　　　　　閲覧履歴の表示

3

4

ユーザーの行動の利便性を向上させるアイデアの検討

意思決定までをサポートする

　まずは、記事を起点にした情報収集までの導線は作れそうですが、これだけだと特にユーザーの利便性は向上しないように感じます。

　ここで、プロジェクトメンバーと自分たちの行動を思い返してみると、何かを買ったり、どこかに訪れる際には、一度見た情報を後で見返したりしてどうするか悩みながら考えます。よって、一度見たサイトに後から何度もアクセスしやすくすることが、ユーザーにとっては大事なことだと捉えることができます。つまり、「記事を起点に情報収集を行い、閲覧したサイトを後から気軽に見返せる」ことが、実現したい要件として整理することができます。

　ここからUIとともに機能の検討を進めていきます。アプリ内のどこかに、

自分が興味があったテーマ（例：商品名や、レストランの名前など）とその関連情報がまとまっていると、後から気軽に見返すことができそうです。

　ユーザー調査では盛んに「記事を読んで、それをきっかけに次の行動に移ると、元のニュースアプリの記事はもう見ない」と言われていましたが、元の記事や関連記事も表示しておくことで、継続した活用をしてもらえるかもしれません。

興味があった情報の一覧　　　　　　興味のある情報を見返す

STEP 4 **継続的にユーザーに関連情報を提供する**

欲しい情報を自分で受け取れるようにする

　最後に、ユーザーが目的（買い物、訪問など）を達成した後の「記事をもとに具体的な行動をした内容については、今後も積極的に情報を得たいが、得る方法がない」というペインポイントに答えるために、記事画面などで、関連する情報を受け取るためのボタンを追加します。これをタップすることで、今後そのテーマに関連する記事が積極的に自分に表示されたり、PUSH通知が来ることを想定しています。

積極的な情報の取得

プロジェクトのポイント

「記事を起点にしたユーザーの行動の利便性が向上する機能」として、次の
アイデアが出されました。

- 記事の最後に関連情報エリアを設置し、そのテーマの関連情報や関連リン
  クを表示する
- 情報収集するための関連リンクは、アプリ内のブラウザで表示して、テー
  マごとにサイトの閲覧履歴を保持する
- 情報収集したテーマは、自動的にアプリに記録され、後から見返せる
- 興味のあるテーマに関する記事を自分で積極的に表示させたり、PUSH通
  知を受け取れるようにする

POINT

UI/UX検討のポイント

- カスタマージャーニーを活用することで、課題が発生するポイント（ペイ
  ンポイント）が明確になる
- ペインポイントを解決する方法を考えることで、一連のユーザーの体験を
  スムーズに実行し続けられるようになる
- 解決策を考える時は、常にユーザーの目線で考えるが、時には立ち止まっ
  てビジネス観点でブラッシュアップすべきところがないかを確認する

③ ⑤ ニュース動画を活用したアイデアの検討

インタビューで得られた洞察

　最後に、ユーザー調査で得られたこちらの洞察をもとに、アイデアを検討していきます。

UX ニュースアプリとそれ以外のニュースとの接点をどう使い分けているか

全体的な意見	●他のアプリでもニュースと触れる機会が多い。50代〜60代は、スマホ以外のメディアでの接点が多い
20代〜30代限定	●XやFacebookで自分が信頼しているもしくは興味を持っている人が、シェアしている記事だと興味が湧く ●TikTokの動画は見やすく理解しやすい
50代〜60代限定	●テレビ・新聞は信頼性が高いと感じており、それぞれ習慣化されている ●オリジナルコンテンツがあるメディアは、魅力が増しやすい
似ている意見	●記事に関する動画は見ていて楽しく有益と感じておりニーズは高いが、ただ動画が並んでいるだけだと、見たいという気持ちにならない。両世代ともに、受動的な動画メディアの利用度は高く、20代〜30代はTikTok、50代〜60代はテレビを利用している

共通項を見つけて仮説を作る

　今回のように20代〜30代と50代〜60代という複数のターゲットがいる中で、同じテーマの新しいアイデアを考える際は、ターゲット間で共通項がないかを探すことから始めていきます。

　今回のユーザー調査の結果で興味深いのでは、両方の世代で、ニュースアプリ以外での「映像」でのニュースとの接点が語られていることです。50代〜60代はテレビ、20代〜30代はTikTokでした。

　この2つのメディアの特徴は、視聴が「受動的」であることです。なんとなくテレビをつける、なんとなくTikTokを見る、そうすると勝手にニュース映像が流れてきて見ている状態です。興味のない映像であれば、テレビだとチャンネルを変えたり、TikTokだと動画をスキップするような操作も似ている部分があります。

　よって「受動的なニュース動画は、20代〜30代、50代〜60代においてニーズがある」という仮説が生まれます。

関連している調査結果を振り返る

あらためて「映像／動画」に絞って、これまでに行った調査結果を振り返ってみましょう。

マーケットリサーチで得られたこと
- 50代～60代は、「ニュース系の情報を取得するメディアとしては、テレビの信頼性が最も強い」という統計結果が得られている

競合リサーチで得られたこと
- Yahoo!ニュースのアプリでは、「ライブ」タブを開くと、リアルタイムのニュース番組が再生されるというテレビをつけた時のようなユーザー体験を提供している。また、「Yahoo!ニュースは年齢層が高めの世代を意識している」という仮説がある

ユーザー調査で得られこと
- 20代～30代は、TikTokのニュース動画からニュースを知ることがある（実際にTikTokで流れているニュースを探してみると、「#tiktokでニュース」というタグがニュース動画にはあることがわかり、それをたどってみると、テレビ局などの大手メディアが配信している動画であることがわかる）
- 50代～60代は、テレビは信頼性が高いと感じており、テレビでニュースを見ることが習慣化されている

抽象度を上げて共通項を見つける

ユーザー調査の結果で語られていることを、抽象度を上げて整理すると、次の2つのユーザー体験の共通項が導き出されます。

- **両世代ともに、受動的にニュース動画を見ている**
- **両世代ともに、大手メディアのニュース映像／動画を見ている**

UX検討において、大切なことの1つは、目の前の事象や事実を、抽象度を上げて考えることです。

今回でいうと、次のように整理できます。

UX 抽象度を上げて見つかった共通項

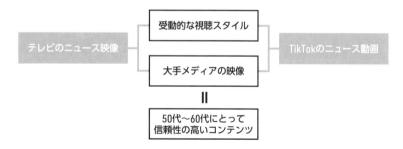

抽象度を上げてヒントの発見とアイデアの創出につなげる

　抽象度を上げることで、情報を客観的に見ることでき、それが UX を考える時のヒントの発見やアイデア創出につながっていきます。

　さて、一連のマーケットリサーチ・競合リサーチ・ユーザー調査を踏まえると、先ほどの「受動的なニュース動画は、20代〜30代、50代〜60代においてニーズがある」という仮説の信憑性が高くなってきました。

　今回は、この仮説を踏まえて、ニュースアプリにおける受動的なニュース動画の形を考えていきましょう。

今回のアイデアの検討のテーマである「受動的にニュース動画を見る」という体験ですが、具体的にどういうUIにすべきかを考えてみましょう。

UI/UXの心理学を活用する

UI/UXを考える際に、参考にすべき1つの考え方は心理学にあります。ソフトウェアに携わる先駆者の方々が、UI/UXデザインにおける法則を分析し、それを論文などで発表してきました。そういった法則に基づいて、UIを検討することで、先駆者たちの知見に基づいてUIに落とし込めます。実際に、私たちが普段使いやすいと感じているアプリのUIを分析してみると、多くのUIがそれらの法則に基づいていることがわかります。

ユーザーの「慣れ」を価値と捉えた「ヤコブの法則」

今回、紹介するのは「ヤコブの法則」です。ユーザビリティの父と言われたヤコブ・ニールセンが2000年に提唱したものです。

ヤコブの法則は、ユーザーの「慣れ」に非常に大きな価値があるものと位置づけ、その価値を活かすことを提唱したものです。ユーザーは、すでに多くのWebサイトやアプリを利用しており、ユーザーにはそれらの経験が蓄積されています。その結果、「ユーザーは初めて触れるコンテンツに対して、既存のコンテンツと同じような動作体験を望む」としています。

たとえば、音楽アプリの再生ボタンを想像してみましょう。「▶」を見ると、ユーザーは「音楽が再生されるはずだ」と想像を行います。これは、他のアプリでの体験のみならず、リモコンやDVDプレイヤーなど、多くのプロダクトにおいて「▶」を押せば、「音楽が再生される」という体験をしているからです。UIを考える際は、まずはこういった過去にしているはずのユーザー体験を活かすところからスタートします。

「ヤコブの法則」を活用してみる

今回のテーマに話を戻しましょう。

「受動的にニュース動画を見る」というアプリ上での体験は、実際にインタビューでも出てきたTikTokの縦型のショート動画を見るためのUIが大いに参考になります。このUIは、TikTokのみならず、現在は、YouTube、Facebook、Instagramなどでも見るようになっており、SNSにおいては、一般

的なUIになっています。

　ショート動画の先駆者であるTikTokを見てみると、アプリを起動した瞬間に動画が流れ始めて、画面の縦方向にスワイプするたびに、まだ見ていない動画が流れてきます。従来の動画サービスとは違い、「選んで再生する」という操作がありません。

　「受動的にニュース動画を見る」という今回のテーマにおいては、この体験を活かしていきます。

両方のペルソナにとって有益なUI/UXを目指す

　では、これまでの話をもとにUIに落とし込んでいきます。今回のUI検討におけるポイントは、50代〜60代に比べて20代〜30代のほうが利用者が多いと想定されるTikTokのなどのUIを参考にすること、そして50代〜60代にとっては信頼性の高い動画だとわかってもらえるように、その「動画の提供元」を一目でわかるようにすることです。

　また、動画が流れ始めてすぐにどういったニュースであるかがわかるように、ニュースの基本情報となる「タイトル」と「日付」もUIに表示します。

　さらに、これまでの検討でもあったように、そのニュース動画の内容に興味を持った時、つまり、そのニュースについてさらに知りたいと思った時に、その欲求に答えるための導線（「関連ニュース」）も用意しておきます。通常の記事のニュースであれば、関連記事が表示されることでその欲求に答えようとするので、今回もその考え方を利用して関連する動画や記事を紹介していきます。

　最後に、50代〜60代にとっては、このショート動画のUIの操作方法がわからない可能性があることも踏まえて、スワイプすることで次の動画が流れることも示唆する情報も表示します。

ニュース動画　　　　　　　　関連ニュース

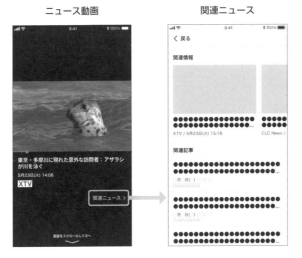

「ニュースアプリとそれ以外のニュースとの接点をどう使い分けているか」
の調査結果をヒントにして、以下のアイデアが出されました。

- TikTokなどのショート動画のような自動的に再生されるニュース動画画
  面を用意する
- その動画に関連する他の動画や記事も表示する

POINT

UI/UX検討のポイント

- UIを考える際には、心理学などをもとにしたUI/UXデザインにおける法
  則を活用する
- 似たような機能や体験を提供する既存のUIを参考にすることで、ユーザー
  は初めて触れるUIでも操作に迷うことなく使うことができる（ヤコブの
  法則）

アイデアが有効かを確認するための調査

　ユーザー調査の結果をもとにアイデアを検討し、いくつか目ぼしいアイデアが出てきました。「さぁ、これで作ろう」といきたいところですが、少し立ち止まります。

　実際に出てきたアイデアはまだ仮説の段階です。実際にユーザーに受け入れられるかどうかを検証するために、あらためてユーザー調査を実施します（これは2-1の「仮説を検証するための定性調査」にあたります）。

　基本的な流れや被験者のクラスター、事前アンケートなどは、前回実施したユーザー調査と同じです。大きな違いは、インタビュー内容となります。

調査の目的と明らかにしたいこと

　まずは、前回のユーザー調査と同じように調査の目的と明らかにしたいことを整理します。今回の調査の目的は、これまで検討してきたアイデアがユーザーに受け入れられるかどうかを確認し、「ニュースを軸とした新しい機能やコンテンツを選定する」ことです。すべて作るべきなのか、それとも、一部に絞るべきなのか、はたまた、もう一度ゼロから考え直すべきなのかを判断していきます。そのために、今回私たちが明らかにしたいのは、次の2点です。

① ターゲットユーザーは、検討しているアイデアに対して価値を感じるか

　検討してきたそれぞれのアイデアを見てもらい、ターゲットとなるユーザーが、そのアイデアを使ってみたいと思うかどうか。

② より価値を感じてもらうためのアイデアの改善点はどこか

　それぞれのアイデアでブラッシュアップできるところはあるか、あるとしたらそれは何か。

今回の定性調査は、以下の通り実施します。

- 目的
  - ▶ ニュースを軸とした新しい機能やコンテンツを選定する
- 明らかにしたいこと
  - ▶ ターゲットユーザーは、検討しているアイデアに対して価値を感じるか
  - ▶ より価値を感じてもらうためのアイデアの改善点はどこか

インタビュー内容の定義

　今回も前回と同じように、事前にインタビュー内容を整理しておきましょう。今回は、記載を省略します。

調査の導入

　前回のインタビューでは、冒頭で「挨拶と説明」→「被験者の基本情報の確認」→「現在利用しているニュースアプリの利用シーンと不満の把握」という順番で進みましたが、ここまでは基本的に今回も同じです。ただし、今回のユーザー調査は、潜在的なニーズを把握することが目的ではないので、最後の「現在利用しているニュースアプリの利用シーンと不満の把握」の「不満の把握」は省き、「現在利用しているニュースアプリの利用シーン」のみを聞いていきます。

各アイデアの受容性検証

今回検証をしたいのは、これまで検討してきた3つのアイデアです。

Ⓐ 一度見た記事の保存や履歴の活用による記事の再利用の強化
Ⓑ 記事を見た後のユーザーの行動の利便性向上のための記事の関連情報や機能の強化
Ⓒ ショート動画を活用した受動的なニュースメディア

これらの3つのアイデアを、それぞれこちらの流れで行っていきます。

- インタビュアーがアイデアシートを提示
- アイデアに対する印象を確認

- アイデアを利用したいかを確認
- 利用したいかを10段階で評価
- その理由は何か、満点に足りない部分の点数は何が要因なのかを確認

アイデアシートを用意する

アイデアシートは、「Ⓐ一度見た記事の保存や履歴の活用による記事の再利用の強化」であれば、こちらのように1枚に簡潔にまとめたものを用意して、オンライン上で画面を共有して被験者に提示します。

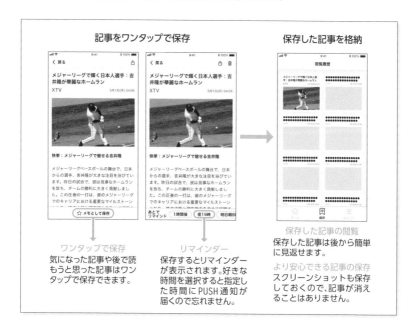

記事をワンタップで保存

保存した記事を格納

ワンタップで保存
気になった記事や後で読もうと思った記事はワンタップで保存できます。

リマインダー
保存するとリマインダーが表示されます。好きな時間を選択すると指定した時間にPUSH通知が届くので忘れません。

保存した記事の閲覧
保存した記事は後から簡単に見返せます。

より安心できる記事の保存
スクリーンショットも保存しておくので、記事が消えることはありません。

被験者へのアイデアの見せ方

アイデアは、必ずしも端末で見せる必要はありません。中途半端なものを作ってしまうと、アイデアの評価（使いたいかどうか）ではなく、ユーザビリティの評価（使いやすいかどうか）になってしまい、本来の目的から外れてしまうことがあります。

もちろん、端末でプロトタイプなどを触ってもらったり動画を見てもらったほうが、よりアイデアを体験しやすい場合があります。その場合は、端末

や動画なども活用します。

既存のアプリを活用する

今回の「ⓒショート動画を活用した受動的なニュースメディア」ですが、最もイメージを伝えやすいのは、TikTokで「#tiktokでニュース」の検索結果を表示している状態です。今回は、アイデアシートも用意しつつ、被験者の端末でTikTokでその検索結果を表示して触ってもらい、アイデアのイメージを疑似体験してもらいたいと思います。

よって、事前準備として、被験者の方にはTikTokをインストールしていただくことにします。

TikTokで「#tiktokでニュース」

インタビュー結果と分析

　詳細については記載を省略しますが、実際にインタビューした結果のサマリーをまとめました。

Ⓐ 一度見た記事の保存や履歴の活用による記事の再利用の強化

UX 記事の保存とリマインダー

概要	全体的に、記事の保存機能は高評価。全員が9〜10点。
意見	●趣味や家族に関わる記事はとりあえず保存しておきたい（32歳女性、会社員） ●後で誰かに伝えたいと思っている記事は保存したい（57歳男性、会社員） その一方でリマインダーについては、ネガティブな意見もないが、ポジティブな意見もなかった。あっても使わなさそうという意見が数名から得られた。
改善のヒント	大きな改善点はなく、ニーズは高そうだと感じる。 リマインダーの有無は要検討。

UX 記事の閲覧履歴

概要	評価はいまいち。5〜8点。
意見	●使うかどうかはわからないが、いざという時に探せることが大事（28歳男性、会社員） ●あったら便利そうだけど、使いたい時がなさそう。保存できる機能があれば十分（62歳女性、主婦）
改善のヒント	日常的に使う機能ではないので、いざという時に使うかどうかだが、なくても特に不便さはなさそう。最初は、記事の保存だけを作り、後から検討するでも十分だと思われる。

Ⓑ 記事を見た後のユーザーの行動の
　利便性向上のための記事の関連情報や機能の強化

UX 関連情報の表示

概要	全体的に、高評価。全員が7〜10点。
意見	●検索の手間が省けるから便利（32歳女性、会社員） ●たくさん情報が得られてお得な感じがする（63歳男性、会社員） ただし、記事ごとに閲覧履歴を管理するという話については、多くの人が複雑に感じていた印象があり、ポジティブな反応はなかった。
改善のヒント	1つの記事の価値を上げるという意味で、関連情報を付与していくのは良さそう。その一方で仕組みが複雑だと混乱するので、シンプルにまとめることが良さそう。

🔲 興味のある情報のストック

概要	評価はいまいち。4〜7点。
意見	● 記事の保存機能があるならそれで十分（28歳男性、会社員） ● なんとなく見たものも溜まっていってしまって結局見づらくて見なさそう（62歳女性、主婦）
改善のヒント	自動的にうまく分類するなどすれば便利そうという意見もあったが、記事の保存機能もあるので、そこまでニーズは高くないと感じる。

🔲 通知の受け取り

概要	評価はいまいち。4〜8点。
意見	● いちいち押さなくても、見ているんだから勝手に来てほしい（28歳男性、会社員） ● 興味のあることだったら押しちゃう（62歳女性、主婦）
改善のヒント	明示的に押して受け取るのもいいが、本来であれば、そこはアプリが自動的に判断して興味のある情報を優先的に出していくことが理想なので、まずはそれができないかを検討していく。

ⓒ ショート動画を活用した受動的なニュースメディア

🔲 動画画面と関連ニュース

概要	全体的に、高評価。全員が7〜10点。
意見	● 普通の記事は見ないでこっちばかり見ていそう（32歳女性、会社員） ● とても便利そうだけど、動画を選びたい感じもする（63歳男性、会社員）
改善のヒント	反応はとても良かったが、50代〜60代のTikTokを使ったことがない人にとっては、不慣れな印象で、リストからも選びたいというニーズが強いと感じた。

POINT UI/UX検討のポイント

● アイデアやコンセプトの受容性検証を行う場合は、被験者に客観的に点数をつけてもらい、その点数の理由や満点に満たない理由などを聞くことで、有効かどうかの確認や改善すべきポイントの深掘りがしやすくなる

3 7 アイデアの選定

　アイデアの受容性検証の結果をもとに、どのアイデアを実現するか、何を独自機能・コンテンツとして打ち出していくかを決めていきます。次のポイントから複合的に判断をしていきます。

- 「課題①：どうすれば、私たちのニュースアプリをインストール、起動してもらえるか？」の解決に寄与できそうか
- 「課題③：どうやってMy Channelの他のサービスへ誘導するか？」の解決に寄与できそうか
- このニュースアプリの「独自の機能やコンテンツ」になり、他のニュースアプリと差別化できるか
- アイデアの受容性検証の結果
- アイデアが技術・コストなどの問題をクリアして実現できそうか

　判断をする際は、これらのポイントをもとにプロジェクトチーム内でディスカッションしていきます。こちらが、今回のディスカッションの結果です。

Ⓐ 一度見た記事の保存や 履歴の活用による記事の再利用の強化

記事の保存とリマインダー

アイデアの実施	○

　「課題①：どうすれば、私たちのニュースアプリをインストール、起動してもらえるか？」を解決するほどのアイデアになり得ないと感じていますが、単純に便利そうだと感じており、ユーザーに使われそうです。よって、少しでも他のアプリより便利にしていこうという判断のもと、単純なブックマーク機能として実施することになりました。

ただし、リマインダー機能は、そこまでニーズが感じられなかったので、今回は見送りとなりました。

記事の閲覧履歴

アイデアの実施	✕

初期ローンチの時点では見送りとなりました。
ユーザー調査で、想像していたよりもユーザーはそこまで必要性を感じていなかったため、リリース後に、記事の保存機能の利用状況も確認しながらあらためて検討していくことになりました。

**Ⓑ 記事を見た後のユーザーの行動の
利便性向上のための記事の関連情報や機能の強化**

関連情報の表示

アイデアの実施	△

便利そうだし、ニーズも高そうだが、実際に実現しようとすると、関連情報の表示を自動化することは難しく、人間が編集する運用体制が必須となりそうです。運用コストが大きくなりそうなので、初期ローンチの時点では実施は見送り、リリース後に運用体制も含めて再検討となりました。
ただし、「課題③：どうやってブランド内の他のサービスへ誘導するか？」の手段として、手始めに記事に関連するMy Channelのサービスへの簡易的な連携はしていくことになりました。たと

えば、レシピのニュースであればレシピサイトへの誘導が出てくるなどのイメージです。

興味のある情報のストック／通知の受け取り

アイデアの実施	✕

関連情報の表示の見送りに合わせて、こちらも見送りとなりました。

Ⓒ ショート動画を活用した受動的なニュースメディア

動画画面と関連ニュース

アイデアの実施	◯

ユーザー調査の時の評価も高く、サービスとしての独自性も出せそうなので、「課題①：どうすれば、私たちのニュースアプリをインストール、起動してもらえるか？」の目玉機能として、チャレンジしてみることになりました。よって、動画コンテンツの提供元との交渉を行っていくことになります。

また、ユーザー調査で得られた改善のヒントをもとに、動画の一覧画面のように、ユーザーが自分で選んで再生できる仕組みを今後検討して入れていくことになりました。

プロジェクトのポイント

今回のニュースアプリでは、検討の結果、以下の要件を盛り込むことになりました。

- 記事のブックマーク

  既存のニュースアプリにおいて、一度見た記事を後で見返したい時や共有したい時に、その記事が見つからず困ることがあり、それを解決するために、記事をブックマークできるようにする

- 記事に関連する My Channel のサービスへの導線の設置

  記事に関連する情報を知りたい人のために、記事に関連する My Channel のサービスへの導線を設置する

- ニュースのショート動画コーナー

  今回のターゲットである20代〜30代、50代〜60代の両方の世代の共通項として受動的に映像を見る習慣があり、その習慣を活用して現在 TikTok などを中心に増えているショート動画のスタイルでニュース動画を提供する

3 8 コンセプトの定義

アイデアの選定も終わったので、一度このニュースアプリを俯瞰的に見ていきます。そのために、私たちが作るニュースアプリのコンセプトを、今回の一連の検討内容をもとに定義していきます。

コンセプトの役割

「コンセプト」という言葉の位置づけ

「コンセプト」という言葉ほど、位置づけが曖昧な言葉はないかもしれません。おそらく書籍によっても、定義がバラバラです。会社や人によっても、それが示すものはバラバラです。書籍によっては、「方向性を示すもの」だったり、「そのプロダクトのユニーク性を示すもの」だったり、「そのプロダクトの価値を示すもの」だったり、「プロダクトの理念」だったり。基本的には、どれも正解です。

「判断基準」になるのがコンセプト

コンセプトは、サービスやプロダクトを作っていく際の今後の明確な「判断基準」となる言葉です。それは、その会社の社長の鶴の一声さえも跳ねのけるくらいのパワーがあってしかるべき言葉です。そのサービスやプロダクトの担当者が変わっても、そのコンセプトだけは普遍的な存在としてずっと残り続けるので、それをもとに判断していけば、大きく方向性や内容がブレることはありません。

たとえば、「今やろうとしていることが、コンセプトに沿っているのか」「サービスをより良くするために、コンセプトをもとにどのようなことが考えられるか」など、常に何かを検討する際に意識をする言葉となります。

コンセプトが合わなくなってきたらリニューアル

コンセプトは、ころころと変えるものではありませんが、そのコンセプトが世の中や実情と合わなくなってきた時に、一度立ち止まって見直すべきタイミングと捉えます。そして、その見直しの結果、全体を見直すことになっ

た場合は「リニューアル」を行っていきます。その場合は、コンセプトをあらためて考え直し、そのサービスのUI/UXをもう一度フラットに考え直していきます。

コンセプトの作り方

コンセプトを導き出すためのアプローチ

コンセプトを導き出すには、さまざまな方法があります。今回は、アイデアを考えてからコンセプトを考えますが、コンセプトを考えてからアイデアを考える方法もあります。

コンセプトシートのようなフォーマットを埋めていく方法や、ワークショップを通して導き出す方法や、プロトタイプを作りながら評価して整理していく方法など、プロジェクトによってさまざまな方法があります。それは、プロジェクトの進め方によっても異なります。

今回のコンセプト検討のゴール

今回は、こちらのコンセプトシートを埋めることをゴールにします。

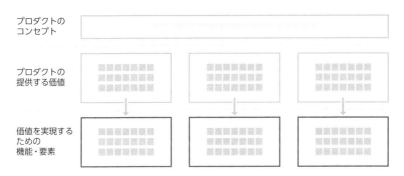

それぞれの項目を解説します。

「プロダクトのコンセプト」

プロダクトのコンセプトは、作ろうとしているプロダクト（今回はニュースアプリ）の方向性と価値を示す端的な言葉です。今後、すべてにおいての「判断基準」になっていきます。

・「プロダクトの提供する価値」

　このプロダクトを使うことでユーザーが得られる価値を定義していきます。つまり、ユーザーがこのプロダクトを使う理由です。どのようなプロダクトに対しても、ユーザーは何かの価値を感じているから利用しています。その価値を明確に定義します。数は3個と決まっているわけではないのですが、ここに記載するのは、このプロダクトのコアの価値なので、価値を明確にするために2～3個くらいに絞り込みます。

・「価値を実現するための機能・要素」

　プロダクトの提供する価値を実現するために、プロダクト内に必要な機能やコンテンツなどの要素を定義します。これが今後のデザインや開発するための要件となっていきます。そして、これらを実現していくことがUIの役割となります。

コンセプトワードのポイント

　私がコンセプトを言葉に落とす時に意識していることは、次のような3つのポイントをその言葉に含めることです。

・ユーザー目線であること

　最上位であるコンセプトワードは、ユーザー目線であることで、プロジェクトメンバーに常にユーザーファーストでなければいけないという意識を浸透させる役割を担ってもらいます。

　たとえば、サポート系のサービスであれば、提供者目線の「助ける」ではなく、ユーザー目線の「助けてくれる」という言葉を使うようにしています。

・プロダクトの独自性がわかること

　今回のニュースアプリもそうですが、類似・競合サービスとの違い、自分たちはここを意識して作っていくんだという意思表示をしていくことが大切です。

　たとえば、ニュースアプリであれば、「最新の世の中の情報がすぐにわかる」だと、それは単にニュースアプリ自体の役割を示しているだけで、自分たちのプロダクトの特徴が一切入っていません。

競合リサーチの対象として分析したYahoo!ニュースでは、「いっしょに作ろう。Yahoo!ニュース」という言葉がうたわれています。配信しているニュースの価値を、ユーザーのコメントなどのリアクションによって高めているYahoo!ニュースらしいコンセプトワードです。

https://news.yahoo.co.jp/newshack/pr/infographics/

シンプルな言葉にまとめること

コンセプトに定める言葉を考え始めると、いろいろな要素を入れて長くなりがちですが、そうなると単なる説明文になりがちです。

今回考えるコンセプトワードは、広告業界のコピーライターさんが作るようなかっこいいワードである必要はありません。あくまで外部に向けて発表するものではなく、内部に向けたワードです。外部に発表したい時は、そういった専門の人の力をお借りしてかっこよくしてもらいましょう。

ニュースアプリの提供する価値と、それを実現するための機能・要素を考える

考える順番

「プロダクトのコンセプト」「プロダクトの提供する価値」「価値を実現するための機能・要素」の3つの要素を埋めていきますが、いきなり「プロダクトのコンセプト」から考えられる人は、かなりの上級者です。まずは、「プロダクトの提供する価値」「価値を実現するための機能・要素」から考えていきましょう。この2つは基本的にはセットで考えていきます。この2つを先に整理しておくことで、コンセプトワードが自然と浮かび上がりやすくな

ります。

まずは一歩引いて考える

　さて、これまでの時間は、ほとんどニュースアプリに搭載する独自の機能についてずっと考えてきましたが、あらためて今回「イントロダクション」にまとめていた今回のプロジェクトのポイントや、1-2「企業リサーチ」で得たプロジェクトの背景を振り返ります。実際のプロジェクトでも、時には初期位置に戻り、やるべきことや方向性の確認をしていきます。

UX プロジェクトのポイント

- ゴール
  優先度① My Channel の認知度の向上
  優先度② My Channel の他のサービスへの送客
  優先度③ アプリ内の収入確保
- ゴールを達成するための手段
  ニュース部分を切り出してニュースアプリを展開する
- 課題
  独自の機能やコンテンツが必要だと考えるがそれは何か

UX プロジェクトの背景

- ニュースアプリを立ち上げる企業は、インフラ事業を主としている企業
- 「安心と喜びを届ける」というビジョンに則り、中期的目標として、インフラ以外のサービス事業で収益を増やしていきたい
- My Channel は「お客様一人ひとりに、役立つサービスを」をコンセプトに立ち上げたポータルサイト
- ユーザーがログインしてくれることで、一人ひとりに対して適切なニュースを表示できるパーソナライズ化のエンジンを有している
- 短期的にサービスをどんどん展開していきたいため、まずは既存コンテンツやサービスを利用しながら進めていきたい
- 現在のメイン顧客である50代以上の男女の方々と、20代〜30代の男女の方々に使ってもらいたい

　そして、上記の内容をもとに、これまで行ってきた調査や検討を俯瞰的に整理すると、次の表のようになります。この表は、私たちが作ろうとしているプロジェクトを端的にまとめたものです。文字の色が薄いところは、未検討のところです。

	ユーザーの行動	ゴールの優先度	課題	解決策
STEP 1	ニュースアプリを起動する		課題❶: どうすれば、私たちのニュースアプリをインストール、起動してもらえるか?	ニュースのショート動画コーナー(と記事の保存)
STEP 2	アプリ内を回遊してニュースを読むための行動をする	優先度③ アプリ内の収入確保	課題❷: どうすれば、多くのニュースを見てもらえるか?	画面全体を考える時に検討する
STEP 3	何かをきっかけに、My Channel の他のサービスへ誘導される	優先度② My Channel の他のサービスへの送客	課題❸: どうやって My Channel の他のサービスへ誘導するか?	記事に関連する My Channelのサービスへの導線の設置
STEP 4	ニュースアプリのみならず、My Channel の他のサービスを利用することで、My Channel が提供するサービスを利用するようになる	優先度① My Channelの認知度の向上	課題❹: どうやって My Channelの他のサービスを利用してもらえるようにするか?	画面全体を考える時に検討する

浮かび上がる3つの価値

これらの内容を整理していくと、主に、3つの価値が浮かび上がってきます。

① 一人ひとりに最適化した情報が届く

まずは、ニュース自体についてですが、My Channel の Web サイトでもすでにそうだったように、ユーザー一人ひとりに最適化したニュースを届けることで、ユーザーは、より自分の興味がある情報を取得できます。

プロダクトの提供する価値 → 一人ひとりに最適化した情報が届く

価値を実現するための機能・要素 → 閲覧履歴やMy Channel内での行動履歴を活用した表示内容の最適化

② より受動的にニュースと触れ合える

　次に、受動的だったニュースを見る
という行為を現代風にアレンジし直
し、受動的なニュースメディアをあら
ためてデザインし、より気軽にニュー
スに触れてもらうことを目指します。
このために、ニュースのショート動画
コーナーの設置を行います。

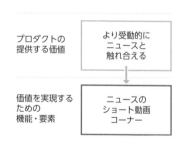

③ 気になった情報はもっと深掘りできる

　最後は、より気になった情報があっ
た時の深掘りをできるように、自社の
サービスやコンテンツを連携させるこ
とで、ユーザーが欲しい情報やサービ
スがよりスムーズに届くようにしてい
こうというものです。

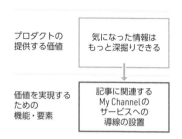

コンセプトワードを作る

会社のビジョンやサービスのビジョンと向き先が合うかを確認する

　先ほどの3つの提供価値を見返しながら、このニュースアプリをなぜ作る
のかを考えていきます。すると、100人いれば100人違う趣味趣向・生活ス
タイルがある中で、日常的に触れるニュースというコンテンツをきっかけに、
ユーザーの生活に喜び・便利・安心といったさまざまな価値を届けるために、
私たちはこのニュースアプリを作るんだ、ということが見えてきます。「安
心と喜びを届ける」という会社のビジョンや、「お客様一人ひとりに、役立
つサービスを」という My Channel の考え方ともずれていないことが確認で
きます。

　そして、具体的なコンセプトワードを考えていきますが、プロジェクトメ
ンバーと議論しながら、何個も案を出しながら検討していきます。

今回のコンセプトワード

　そこで、今回考えたコンセプトワードはこちらです。

> ニュースを起点に、毎日の暮らしを豊かにしてくれる

　自分たちは、あくまでニュースアプリであることが軸であり、ニュースアプリだからこそ日々触れてもらえます。そういった特長を活かし、ニュースで情報を提供するだけで満足するのではなく、そこからそのユーザーの暮らしを少しでも豊かにするための仕掛けを作っていく、そのようなニュースアプリを目指します。

最終的なコンセプトシート

　ということで、本プロジェクトのコンセプトは、こちらのシートのようにまとめられました。

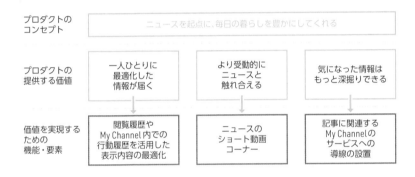

UIを検討する前にUI/UXの方針を決める

コンセプトも決まり、これから作るアプリの方向性も整理できたので、これから「UI」の検討に入っていきます。

具体的には、アプリに入れるべき要件を洗い出して、必要そうな画面の流れを作り、一つひとつの画面の構成を決めて、UIをユーザーにとって最適なデザインにしていく作業です。

その具体的な検討に入る前に、もう少し、どういう方針でUIを検討すべきかを整理しておくことで、この後の検討がスムーズに進みます。たとえば、「迷わない」「安心できる」「効率的」「専門的な知識が不要」「○○が見やすい」など、そういったキーワードを複数設けておくことで、より設計がしやすくなります。

今回は、ユーザー調査で得られたことやコンセプトで整理されたことをもとに、次の3つのポイントをUI/UXの方針として定義します。これらの3つのポイントは、先ほどのコンセプトシートとともに、今後の画面構成や、機能要件を考えていく時の判断軸として活用していきます。

若い層もシニアの方も見やすい・使いやすい

今回のアプリは、若年層とシニア層の両方に使ってもらうことを想定したアプリです。ユーザー調査でも回答がありましたが、シニアの方にとって文字が小さいと読みづらいとストレスを感じやすいという意見がありました。

加齢による目の変化は、40代から自覚される傾向があると言われています。近い視認対象に対するピントが合いづらくなり、手元の文字（手元のスマホの表示）が見づらくなります。一般的には「老眼」と言われる現象です。個人差はありますが、50代以上になると8割以上の人に自覚症状があるというデータもあります。見づらい表示をずっと見ていると疲れやすくなります。その解決策として、UIとしては、文字の大きさの調整や文字の太さ、コントラスト比などさまざまな方法でその見づらさを緩和していくことが求められます。

また、シニアの方だと理解できていなかった方もいるニュースの共有機能

なども、両方の世代が理解して使えるようにしていきます。

「気になる」がたくさんある

今回のニュースアプリでは、UX的にもビジネス的にも、ニュースを起点にそこから別のニュースを見てもらうことで、アプリ内の回遊を増やすか、My Channelの他のサービスへの送客を行うことが求められます。よって、ニュースを見ている流れの中で「あ、これも気になる」「もっと気になる」という仕掛けを入れておくことが求められます。

つい立ち上げたくなる

アプリを立ち上げると「何かいい情報が手に入りそう」「何かいいことがありそう」という期待感が持てるアプリを目指します。後発のニュースアプリということもありますが、元々持っている記事のパーソナライズ化のエンジンの活用や、他のMy Channelサービスとの連携を強化することで、ニュース+αが手に入ることを目指した設計にします。そうすることで、このアプリを習慣化して、後発ながら私たちが作るニュースアプリを使ってもらう可能性を高めることを目指します。

プロジェクトのポイント

これからアプリを詳細に設計していくにあたり、以下の3つの点を意識してUI/UXを検討していきます。
- 若い層もシニアの方も見やすい・使いやすい
- 「気になる」がたくさんある
- つい立ち上げたくなる

POINT

UI/UX検討のポイント
- UXの検討からUIの検討に移る前に、どういうUI/UXを実現すべきなのかを事前に定義しておくことで、その後の検討がスムーズに進む
- 定義した方針をもとに、今後の要件や画面構成を整理していく

UX

CHAPTER

4

要件定義

SCHEDULE

1カ月目 　　**2**カ月目 　　**3**カ月目 　　**4**カ月目

リサーチ

企業リサーチ
マーケットリサーチ
競合リサーチ

ユーザー調査　　　　企画

準備 実施と分析　　受容性検証 └コンセプト
　　　ペルソナ カスタマージャーニー

アイデア検討

要件定義 基本設計 ワイヤーフレーム

基本機能 メニュー 全画面の設計
連携機能　構成

ビジュアルデザイン

方向性　　　 全画面の
　デザイン案 デザイン

UIを検討するために必要な要件定義

　ここから先は、具体的にアプリを作るための細かい定義をしていくプロセスを実施していきます。これから、アプリで最終的に実現したい内容（実装する要件）をすべて洗い出す作業を行っていきます。

　そこで洗い出された要件をもとに、画面構成を検討し、技術的な設計や実装を行っていきます。

要件を正しく洗い出すことでUI/UXの精度を上げる

　世の中には、要件とUIをセットで一気にアウトプットできる優れたUI/UXデザイナーの方がごく稀にいます。それは、熟練した技術や、豊富な経験と知識があるからできる技です。「UI/UX」と言うと、UIも常に一緒に考えないといけないと思い込んでいる人がいますが、決してそのようなことはあり

ません。

　正しく情報を整理することで、より精度の高いUI/UXを発想できると私は考えているので、その情報整理に最も心血を注ぐようにしています。なんとなくの想像の要件でなんとなくのUIを作っても、それが何かの大きな役に立つことは、実際の現場ではあまりありません。小さな規模のアプリであれば別ですが、ある程度の規模のアプリやWebサイトであれば、逆に時間がかかる場合がほとんどです。

　要件を正しく洗い出すには、次の2点を行うことが大いに役立ちます。

- これまで求められたことや議論されたことを見返すこと
- 他のアプリの事例を参考にすること

　といっても、すべての要件を洗い出すのはとても難しいことです。意外と、ここで手が止まってしまう方が多いのではないでしょうか。「どうやって洗い出すの？ 何も細かく決まっていないのに？」と、ここで思考停止してしまい、クライアントに「細かい要件をください」とお願いする人も出てきます。もちろん、クライアントが用意してくれる場合もありますが、自分たちで考えていったほうが、全体としてより一貫したUXを提供できるので、ぜひ自分の手でできるようになりましょう。

　要件を素早く洗い出せることで、足りない要素の確認や検討ポイントの議論などを一気に進められます。

　具体的な要件を素早く整理する方法として、「オブジェクト指向」と「タスク指向」を用いてストーリーから要件を洗い出す、という方法を紹介します。

UIの設計を行う時に、「オブジェクト指向UI」と「タスク指向UI」という2つのアプローチがあります。要件を洗い出すことに慣れていない時は、このアプローチを活用するのはオススメです。本書では、それぞれを簡易的に紹介しますので、興味のある方はそれらに関する本を読んでみると、より理解が深まります。

オブジェクト指向UI

ユーザー×オブジェクト

オブジェクト指向UIは、ユーザーが特定のオブジェクトと対峙することに焦点を当てたアプローチです。ここで言うオブジェクトとは、アプリ内の機能や要素（例：ボタン、メニュー、記事など）を表します。

ユーザーは、それぞれの「オブジェクト」に対して、「アクション」を行うことで、目的の「タスク」を実行していきます。たとえば、ニュース記事の一覧が表示されている画面だと、「特定の記事（オブジェクト）を、タップする（アクション）ことで、記事を読むこと（タスク）ができる」となります。

オブジェクト指向UIで整理をする場合は、「○○（記事）を▲▲する（読む）」という風に、名詞→動詞の順番で言葉が語られます。○○が「表示要素」、▲▲が「機能」という風に、整理されていきます。

「ニュース記事」の場合の整理

たとえば、ニュース記事であれば、

- 記事を探す
- 記事を読む
- 記事を共有する

という3つのストーリーを記載するだけで、「記事」という表示要素に対

して「探す」「読む」「共有する」という機能があることが整理できます。

タスク指向UI

ユーザー×フロー

　タスク指向UIは、ユーザーが特定のタスクを達成するための手順やフローに焦点を当てたアプローチです。タスク指向UIではオブジェクト指向UIとは対照的に、アクションを先に選んで、次にオブジェクトを選んでタスクを実行していきます。たとえば、複数の写真をまとめて削除する場合は、最初に「削除する（もしくは選択する）」（アクション）という目標となるメニューを選択して、次に「削除したい写真」（オブジェクト）を選択して、最後に「削除」（タスク）を実行します。つまりこの場合は、動詞→名詞の順番で言葉が語られます。つまり、機能が先で、表示要素が後に出てきます。ユーザーにはタスクの目標を明確に把握してもらい、その目標を達成するために必要な手順を順序通りに実行してもらうことで、直感的で効率的な方法を提供することが狙いです。

アクションを先に選ぶATM

　銀行のATMのUIは、「お預け入れ」「お引き出し」「お振り込み」などと、アクションを先に選んでから、金額というオブジェクトを決める「タスク指向UI」の代表格です。

オブジェクト指向UIとタスク指向UIを使い分ける

　「オブジェクト指向UI」で作られたUIのほうが、「目当てのもの」→「やりたいこと」となり、日常生活の行動と同じためユーザーにとってより使いやすいプロダクトなる、という考え方をもとにUIを検討する際は「オブジェクト指向UI」で整理をすることが増えてきています。

　その一方で「タスク指向UI」は不要かと言われるとそのようなことはなく、アプリ内やその画面で扱われるオブジェクトが1つのみの場合に、そのオブジェクトに対するアクションを切り替えたい時（モードを切り替えたい時）などに有効な場合があります。

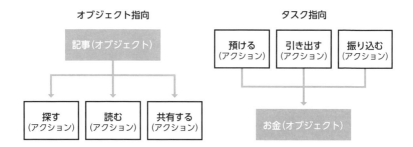

　本来は、これらの手法は要件をUIに落とす時のアプローチの1つですが、要件整理する時に意識して使うことで素早く正確に整理ができるので、私はよく利用しています。「オブジェクト指向で考えながら、必要に応じてタスク指向で整理していく」という方法が、私が最も早く要件を洗い出せると考えている方法です。

ストーリーからの要件の抽出

ストーリーから機能やコンテンツを洗い出す

　要件を言語化するにあたり、利用シーンをストーリーとして書き出すことで、必要な機能やコンテンツを洗い出しやすくなります。

　ここでは、「ストーリーを書く」とはどういうことかを説明していきます。ストーリーの書き方は大きく2種類あり、1つは小説のように書く方法、もう1つは端的に箇条書きで書く方法です。

小説のようなストーリーによる整理

1つ目の小説のように書く方法は、次のような例です。

佐藤さんは、アプリをダウンロードして、インストールが終わると、アプリアイコンをタップ。そうすると、アプリが起動して、説明画面が表示されました。内容を見ると、現在キャンペーン中で、新しい利用者は抽選でAmazonギフト券1,000円分が当たるかもしれないということで、ワクワクしました。

　この方法で大事なのは、その時のユーザーの感情や体験を細かく表現していくことです。アプリの利用の流れのイメージや、提供される価値、ユーザーの感情を、文章上でシミュレーションを行い、アプリの世界観や提供される基本的な機能の洗い出しを行っていくとともに、プロジェクトメンバーと共通の価値観を共有していきます。これを行う場合は、もう少し前段階のコンセプト検討やアイデア検討などをする場合に実施して、本当に使いたいものになっているのかを検証することが多いです。

箇条書きで書くストーリーによる整理

　もう1つの方法は、端的に箇条書きでストーリーを書き出していく方法です。今回は、この方法を利用して要件を洗い出します。次のような例です。

- アプリを起動した
- 画面が表示されてアプリの説明がされた
- 説明画面の次へボタンをタップするとメインとなるホーム画面が表示された
- ホーム画面では、最新のニュースの記事一覧が表示されている
- 各ニュースには、写真とタイトル、時間が表示されている
- 現在話題になっていそうな最新のニュースが表示されている
- ニュースをタップすると、そのニュースの記事が表示された

ストーリーを書く時は「名詞」と「動詞」を意識する

ここでのポイントは、先ほどの「オブジェクト指向UI」の考え方をもとに記載して、名詞と動詞を意識して使うことと、1つのストーリー（一行）をなるべく端的に書くことです。短く書くことで、最初から要素が細かく分解されて、必要な要素を洗い出しやすくなります。

粒度を細かくして書く

慣れてきたら「各ニュースには、写真とタイトル、時間が表示されている」「現在話題になっていそうな最新のニュースが表示されている」のように粒度を少し細かくしていきましょう。

ストーリーから要件を定義する

先ほどの例をもとに整理すると、次のように要件が定義できます。

機能	関連する要素
アプリの説明	● アプリの紹介をする ● 次へ進むボタンを押すとメイン画面へ進む
記事一覧の表示	● 最新の記事の一覧が表示されている ● 各記事には、写真とタイトル、時間が表示されている ● 記事は、最新の記事のうち、現在注目を浴びている（浴びそうな）ニュースが一覧で表示されている ● 記事をタップすると、その記事の詳細が表示される
各記事の表示	（省略）

画面ではなくアプリを構成する要素を洗い出す

　ストーリーから要件をまとめていく時のポイントは、なるべく「画面」という単位で書かないことです。先ほどの箇条書きのストーリーだと、画面という言葉が出てきますが、それは、画面を想像しないとストーリーが書けないからです。ただ、そこで出てきた画面の流れが、正しいかどうかはこの時点では不明瞭です。ストーリーから要件をまとめていく時に大事なことは、アプリを構成する要素を洗い出すことであって、画面の一覧を洗い出すことではありません。よって、このタイミングでは画面ではなく、画面を構成する前提となる「機能」という単位でまとめていきます。画面については、最初のイメージに引っ張られすぎないように要件が出揃った後に、画面の流れや各画面の構成について検討を行います。

オブジェクト指向とタスク指向を切り替えて要件を定義する

　必要に応じて「タスク指向」の場面が出てきます。そういう時は、頭を切り替えて、その目的を達成するさまざまな方法について考えます。

　たとえば、多くのニュースアプリの場合は、上部にカテゴリ別のタブがありますが、それらのタブは編集でき、好きなタブを追加できます。「追加したいタブ（メディア）を探す」というストーリーを構築するのであれば、次のように、どうすればユーザーは目的となるタブを見つけられるかを記載していきます。

- タブを追加しようと思い、タブの追加画面を立ち上げた
- カテゴリから探す、名前から探す、人気順から探すというメニューが表示された
- カテゴリから探すをタップすると、エンタメ、スポーツなど、さまざまなカテゴリが表示された
- エンタメをタップすると、さまざまなメディアの一覧が表示された
- そのメディアは利用者数が多い順番で並んでいる
- 気になるメディアがあったので、そのメディアの名前の横にある「追加」ボタンを押すと、「追加済み」に切り替わった

　記載する時の大事なポイントは、これまでの検討で何度も利用している「5W1H」を常に意識することです。「何がどのように表示されていて、何をするとどうなるのか」を1行書くたびに意識します。

　これを要件として整理すると、次のようになります。今度は、先ほどより

も1つステップアップして、大機能、小機能とグループ分けしていきます。

大機能	小機能	関連する要素
タブの追加	カテゴリから探す	●カテゴリの一覧 ●カテゴリごとのメディアの一覧(利用数が多い順) ●メディアを追加するボタンを押すと、タブにそのメディアが追加される
	名前から探す	(省略)
	人気順から探す	(省略)

最初にストーリーの観点を洗い出しておく

　この方法による要件の洗い出しは、箇条書きのストーリーを書く前にどういうストーリーの観点があるかを整理するところから始めると、効率がよくなります。たとえば、次のようなストーリーの観点があります。

- アプリの初回起動
- 記事を読む
- ニュースのショート動画を見る
- タブを並び替えたい
- タブを追加したい
- アプリの通知による起動をした
- 設定を変更したい

　このように、最初に、想定されるユーザーの行動を軸に観点を整理して、その観点ごとにストーリーを端的に箇条書きで記載して要件化していくと、どんどんスピードが上がっていきます。進めていくと、足りない観点に気づくので、その観点でまた要件の洗い出しを行っていきます。これを繰り返すことで、スピーディーにかつ正確に要件の洗い出しを行うことができ、最初の要件案として十分なものを用意できます。

　慣れてくると、頭の中だけでストーリーの構築から要件の洗い出しまでができるようになってきます。今回のようなニュースアプリであれば、1時間〜2時間程度で、要件を一気に洗い出せるようになってくるはずです。

UI/UX検討のポイント

- 最初に、ユーザーがアプリを利用する時のストーリーの観点を洗い出す
- 次に、その観点ごとにストーリーを記載していく
- ストーリーは、「オブジェクト指向UI」の考え方をもとに、名詞や動詞を意識して使い、1つのストーリーを端的に書いていく
- ストーリーは、「何がどのように表示されていて、何をするとどうなるのか」と多面的に考える
- 必要に応じて、「タスク指向UI」の考え方に切り替えて、その目的を達成する方法について考える
- ストーリーが描けたら、ストーリーに記載されている機能や要素をこのアプリに必要な要件としてまとめていく

4

3

ストーリーからの要件の抽出

4 4 要件定義

　今回のニュースアプリでは、実現したい要件をまとめていくにあたり、大きく2つのことを整理していく必要があります。1つ目は、先ほど紹介したストーリーを活用した要件定義で、アプリの基本機能にあたる部分です。2つ目は、プロジェクトの大事なゴールの1つである My Channel の他のサービスとの連携・送客の内容です。この2つを定義することを要件定義のゴールとします。

基本機能

他のニュースアプリと同じ操作性になることを前提とする

　まずは、ニュースアプリとしての基本機能の定義です。前提としては、一般的なニュースアプリのように、上にニュースのジャンルを切り替えるタブがあるUIを想定します。今回作るニュースアプリは、奇をてらった新しいニュースアプリを目指すのではなく、あくまで汎用的なニュースアプリを作ることが基本的な考え方です。よって、「ニュースを見る」という基本的な動作については、3-5で紹介した「ヤコブの法則」に基づいて、他のニュースアプリと同じような使い勝手のUIを提供することで、「このニュースアプリを操作するための学習をユーザーはしなくていい」という後発アプリならではのメリットを優先するという戦略です。

要件をグルーピングして洗い出しながら検討事項も整理する

　さて、洗い出した要件を次の表にまとめました。情報の粒度は、あくまで例です。うまくまとめておくと、それがそのまま画面構成の土台にもなるので、きれいにグルーピングしながら整理しておきます。また、要件をまとめていきながら、検討しないといけないことなども記載していきます。

　ちなみに、私の場合は最初にiOSでの実現要件をもとに書きます。iOSのほうが制限事項も多く、アプリ申請も却下されやすいという過去の経緯と経験があるため、まずはiOSのほうからまとめておくと、後でAndroidの時にどうするかを検討がしやすい、というのが私の考え方です。

No.	大カテゴリ	主な機能・要素	構成要素	表示要素	検討事項・メモ
1	記事の一覧	主要な記事の一覧	各ニュース	写真・タイトル・日付・提供元新着アイコン	どういうロジックで表示するか？記事の未読・既読管理を行うか？新着アイコンを表示するロジックは？
			広告	広告サービスに依存	どこの広告サービスを使うか？どこに広告を表示するのか？
		ジャンルごとの記事一覧	各ニュース	（同上）	（同上）
			広告	（同上）	（同上）
		メディアごとの記事一覧	各ニュース	（同上）	（同上）
			広告	（同上）	（同上）
		記事一覧の更新	更新ボタン		
2	注目ランキング	記事・動画のランキング10件	各ニュース	順位＋記事	どういうロジックで表示するか？
3	記事の詳細	記事本体	記事	写真・タイトル・日付・提供元・本文	
			共有	SNSやメールなどへの共有	どの共有方法を対象にするのか？
			ブックマークボタン		
		関連情報	My Channel連携	関連サービスの表示	どう連携するのか？
			関連記事・関連動画	写真・タイトル・日付・提供元	
			他の話題の記事	写真・タイトル・日付・提供元	
			広告	（同上）	
4	記事の検索	記事の検索	検索フォーム	インクリメンタルサーチ	
				検索履歴	履歴は削除できたほうがいい？
5	タブの編集	タブの並び替え			最初のタブは、動かせない想定でいいか？
		タブの削除			ジャンルのタブと、メディアのタブは、混ぜて表示するのか？
		ジャンルのタブの表示・非表示			

No.	大カテゴリ	主な機能・要素	構成要素	表示要素	検討事項・メモ
6	メディアタブの検索・追加	名前で探す	検索フォーム	インクリメンタルサーチ	
		カテゴリから探す	カテゴリ一覧		
		人気順から探す			
		検索結果	メディア一覧	ロゴ・名前・追加ボタン	
7	ニュースのショート動画	各ニュース動画	動画	スクロールで次の動画へ	どういうロジックで表示するのか？
			関連情報	タイトル・日付・提供元	
			関連記事・動画への導線		
			ブックマークボタン		
		ニュース動画一覧	動画一覧	タイトル・日付・提供元	
			広告	（同上）	
8	保存した記事	保存した記事の一覧		（同上）	
		保存した動画の一覧		（同上）	
9	お知らせ	お知らせの一覧		タイトル・お知らせ詳細へのボタン	新しいメディアの追加やキャンペーン、メンテナンスのお知らせを想定 どう表示するのか？
		お知らせ詳細		タイトル・日付・本文	
		アプリの強制アップデート		お知らせ・ストアへのボタン	トラブル用に用意するか？ ※アプリをアップデートしない限り、利用できなくする
10	アカウント認証	ログイン			
		パスワード忘れ			
		アカウント発行			
		ログアウト			
		アカウントの削除			iOSの場合は、この機能がないと、アプリが公開できない

#	機能	項目			
11	文字の調整機能	フォントサイズの選択			どの画面にフォントサイズの変更を反映させるか？ システムのフォントサイズに連携するのか？ 大きさは何段階？
12	PUSH通知	設定のON/OFF			どういうPUSH通知を用意するか？ その通知の遷移先の画面は別途用意するか？
13	サポート	カテゴリ一覧			サポートは、Q&A形式でいいか？
		カテゴリ別質問一覧			
		各質問別サポート回答一覧			
14	利用規約	規約本文			事前に同意してもらってから、利用開始とするか？
15	ライセンス表記	ライセンス情報			アプリ内で利用しているライセンスの表示
16	通知許諾	PUSHの許諾	許諾への誘導画面	許諾をONにすることを誘導	
			OSのダイアログ	表示はOSに任せる	
		アプリトラッキングの許諾			許諾が必要な機能を提供することを想定
17	ストア評価誘導	ストア評価ダイアログ			どのタイミングで表示するか
18	ダークモード対応	ライトテーマ・ダークテーマの切り替え			対応するか？ 対応するのであれば、端末依存にするか、アプリ内で選択できるようにするか？
19	タブレット対応	タブレットでの利用			タブレットでも利用可能にするか？ 可能にするのであれば、レイアウトをタブレット向けに用意するか？
20	ウィジェット	端末のホーム画面のウィジェットの提供			作るか？

最初は正確さよりも速度を意識する

　こういった基本的に盛り込まないといけないことのたたき台をUI/UX検討で素早く出せることは、全体のフローの中では大切です。時間をかけすぎる

と昔ながらのウォーターフォール開発のようになってしまうので、正しく要件を洗い出すことを目的とするのではなく、議論をするためのたたき台、UIを構成してみるためのたたき台として洗い出すことがオススメです。そのほうが、チーム内で早く議論をすることができ、結果として抜け漏れが少ない要件定義ができます。

No.10「アカウント認証」の「アカウントの削除」やNo.15「ライセンス表記」、No.16「通知許諾」、No.17「ストア評価誘導」、No.18「ダークモード対応」、No.19「タブレット対応」、No.20「ウィジェット」などは、何回かアプリを作っていると必ず入ってくる要素なので、慣れてきたら最初の段階から検討事項に入れておきましょう（分冊の「UI編」で詳しく解説しています）。

また、本書では「アクセス解析」などの目に見えない要件については、今回は割愛させていただきますが、本来であればそういった要件も並行して定義していきます。

My Channel 連携

My Channelと連携をする上で検討すべき観点

基本機能の整理ができたら、曖昧になっているMy Channelのサービスとの連携について整理していきます。提供している各サービスを次のような観点で整理しておくことで、アプリ内での表現の仕方や連携の方法を検討しやすくなります。

Ⓐ ニュースと同じように毎日習慣的に見るものか
（＝ニュースのコンテンツの1つとして見せる）

Ⓑ ニュースとは別のサービスとしてユーザーを送客することがいいか
（＝ニュースとは別のコンテンツとして見せる）

Ⓒ 記事と紐づけできそうかどうか
（＝ニュース記事に関連サービスとして見せる）

各サービスの連携方法の検討

先ほどのⒶ〜Ⓒの観点をもとに、サービスごとに連携方法やそのイメージを整理していきます。

サービス	Ⓐ ニュースと同じように毎日習慣的に見る	Ⓑ 別サービスとして送客	補足	Ⓒ 記事との紐づけ	イメージ
天気	○	×	ニュースアプリ内の1コンテンツとして見せることが良さそう	○	天気や災害の記事に関連情報として出しやすい
乗り換え検索	×	△	乗り換え検索のために、このアプリをわざわざ経由するか疑問	○	特定の場所を示す記事に、その場所までのルートをすぐに表示することで距離感をイメージしてもらいやすい
占い	○	×	ニュースアプリ内の1コンテンツとして見せることが良さそう	×	
動画配信	×	○		○	動画や映画に関連する記事であれば、連携・宣伝しやすい
ゲーム	×	○		○	ゲームに関連する記事であれば、連携・宣伝しやすい
ファッションECサイト	×	○		○	ファッションに関連する記事であれば、連携・宣伝しやすい
日用品ECサイト	×	○		○	日用品に関連する記事であれば、連携・宣伝しやすい
食料品ECサイト	×	○		○	食料品に関連する記事であれば、連携・宣伝しやすい
辞書	×	×	辞書単体だと検索エンジンで十分	○	記事内の難しい単語の解説を表示できる
旅行予約	×	○		○	旅行関連の記事であれば、連携・宣伝しやすい
不動産検索	×	○		△	引っ越しや新生活をテーマにした記事であれば連携しやすいが、記事を見ていて引っ越したいという気持ちになるか疑問
レシピ	×	○		○	料理に関する記事であれば、連携・宣伝しやすい
クーポン	×	○		○	クーポンを提供しているお店の記事であれば、連携・宣伝しやすい

天気と占いは、朝のテレビ番組と同じようにニュースのコンテンツとして見せることが良さそうです。また、辞書については、単体で送客するほどの機能ではないので見送りますが、それ以外はうまく送客していく表現やアイデアを今後考えていくことにします。

UIを考えるための準備が完了

　これで、アプリのUIに落とし込むための材料がだいぶ揃ってきました。

　UI/UX検討において、画面を利用した検討をどのタイミングで行うことが最適かは、それぞれのプロジェクトによって異なります。このニュースアプリの場合は、よくある一般的なタイミングです。こういったプロジェクトの場合は、いきなりUIを使った検討をせずに、事前に正しく情報を素早く整理することがいいUIを生み出す1つの方法です。

　企業リサーチ・マーケットリサーチ・競合リサーチ・ユーザー調査・企画など、さまざまなことをここまで行ってきましたが、プロジェクトによって予算やスケジュールが異なります。どこに重点を置くべきか、どういうプロセスでやるかを考えて、そのプロジェクトの状況に応じた最適なプロジェクト計画を立てていきましょう。

POINT
プロジェクトのポイント
新しいニュースアプリで実現したい要件を、以下の2つの観点で定義しました。
● 基本機能
● My Channel連携
これらの内容をもとに、これからUIを使ったより具体的な検討に入っていきます。

ワイヤーフレームやデザインの検討は「UI編」で

　さて、ニュースアプリのプロジェクトの「UX編」としては、本章で終了です。

　プロジェクトのオリエンテーションに始まり、そこからリサーチを行いプロジェクトの状況を理解し、さらにユーザー調査から得られたヒントをもとにアプリ独自の機能やコンテンツを生み出し、コンセプトを定義してアプリの要件定義まで行ってきました。

ここからこのプロジェクトは、洗い出された要件をUIに落とし込む作業を行っていきます。分冊の「UI編」では、UIを考える前に必要な基礎知識、UIの基本構成の方法を最初に紹介します。その後に、各画面を設計しながら、デザインの現場では何を考えて設計をしているのかを解説します。さらにUIを設計する時に役に立つTipsも紹介します。そして、デザインをする時の方向性の検討方法や意識すべきポイントを、実際に画面をデザインしながら解説をしていきます。このアプリが、どういうUIになっていくかが楽しみです。

　ぜひ、「UI編」も手にとって読んでいただけたらと思います。

UX

CHAPTER

5

リリース後の
UI/UXの改善プロセス

　サービスを立ち上げる時のUI/UX検討と、サービスを立ち上げた後のUI/UX検討は、アプローチが異なってきます。ローンチした後は、ユーザーや数値と向き合いながらサービスの改善に全力を捧げなければいけません。そして、多くの人に愛されるサービスになることと、ビジネスの目標を達成することを目指していきます。そのために必要なアプローチや知識を解説していきます。

リリースしてから始まる本格的なプロモーション

　本書では、ここまで新しいプロジェクトの0→1の立ち上げのプロセスを行ってきました。ただ、世の中には、新しく立ち上げるプロジェクトよりも、すでに世にリリースされ運用されているプロジェクトのほうが多くあります。

　サービスにとっては世の中に出てからがスタートラインです。どのようなサービスでも運用コストがかかるものは、誰にも使われないといつか終了してしまいます。

　そのために、企業は費用を割いて継続的にプロモーションを行い、ユーザーの獲得を目指します。逆に、一切のプロモーションコストをかけずにユーザーを獲得することは、昨今の状況を考えるとかなり難しくなってきています。よって、企業担当者は、リリース前からどういった広告・PRを行っていくかを検討し、予算の策定や実行計画を準備していきます。

改善と施策の継続的な実施

　私たちUI/UXに関わる者は、サービスのローンチ後は、口コミや広告やPRの施策などによって獲得したユーザーにサービスを使い続けてもらうための改善を行っていきます。アプリをローンチするまで、さまざまな調査や仮説に基づいて企画や設計を行っていきますが、ローンチ後はそれらがうまくいっているかの検証を実施し、アプリを改善するための施策を検討していきます。

　たとえば、こちらのような施策を検討していきます。

- 利用頻度を増やすための施策
- 利用時間を増やすための施策
- 利用の継続期間を上げるための施策
- 指標となる数値を上げる／達成するための施策

　本章では、リリース後に行われるUI/UXの改善のための基礎知識や方法を紹介していきます。

KGI／KPI

　どのようなプロジェクトにおいても、客観的な数値的な指標を設定することによって、改善すべき点を明確することが大切です。

　その中でよく使われるのは、「KGI」「KPI」という言葉です。

　KGI（Key Goal Indicator）は、プロジェクトにおけるビジネスもしくは戦略的なゴールを示すための指標です。「いつまでに何をどれくらい達成するか」を設定します。基本的には、1つ設定します。たとえば「年内に売上1億円」といった指標です。

　KPI（Key Performance Indicator）は、KGIを達成するための特定のプロセスが、適切に実行されているかを測定するための指標です。KGIを達成するには、複数のプロセスが絡むので、複数のKPIを設定します。週次もしくは月次でこのKPIの数値を追いかけて、その結果を受けて改善案を検討し実行に移し、またその結果を見て……ということを繰り返していきます。

　KPIの例をいくつか紹介します。

新規インストール数

　新規ユーザーの獲得につながる指標です。利用者の母数を上げるためには、大事な指標です。ただし、多くの場合は、口コミや広告を含めたプロモーションに応じて変化するため、サービス全体としては大事ですがUI/UXの改善という観点では指標にされることが少ないです。

DAU／WAU／MAU

　日間（Daily Active Users）／週間（Weekly Active Users）／月間（Monthly Active Users）のアプリを利用したユーザー数です。アプリの実際の利用者数となるので、この数値を上げていくことは1つの目標となります。

継続利用率

　インストールしたユーザーが、特定の期間において継続してアプリを利用した割合を指します。インストール後の翌日の継続率、7日目の継続率、30

日目の継続率など、いくつか期間に区切って確認していきます。この数値を向上させていくことで、安定したアクティブユーザー数の増加が見込めるようになります。

起動回数

ユーザーがアプリを利用する回数です。この起動回数が増えないと、そもそもがスタートしません。アプリの起動は、大きく2種類あり、「PUSH通知経由の起動回数」と「オーガニックの起動回数」です。

今回のようなニュースアプリの場合は特にですが、アプリを継続して利用してもらうためには、起動のきっかけを作ることが大切です。その有効な手段がPUSH通知です。この起動回数を上げるには、まずはPUSH通知の許諾率を上げていくことがスタートです。そのため、PUSH通知の許諾がOFFになっているユーザーをONにしていく施策を検討していく必要があります。ONになったユーザーが増えれば、必然的にPUSH通知の配信数も増えていきます。後は、届いたPUSH通知の開封率を上げるために文面、タイミングなどを試行錯誤しながら、数値の向上を目指していきます。

また、このPUSH通知経由の起動数とは反対にあるのが、オーガニックのアプリ起動、つまり、ホーム画面のアプリアイコンをタップしてアプリを起動したケースの数ですが、この起動数はアプリの利用を習慣化してもらうことが重要になってきます。

滞在時間

1ユーザーの起動あたりにアプリを利用する時間を指します。この時間が短いと、特定の目的が達成したらすぐに閉じられる、もしくは、特に見たいものがなかったなどが想定されていきます。連続してユーザーの興味を引けていれば、新しい画面に遷移していくので滞在時間が長くなっていきます。

SV

SV（スクリーンビュー）は、Webサイトで言えばPV（ページビュー）にあたる画面の表示回数の総数になります。動画アプリのように同じ画面にずっと滞在するような場合を除き、一般的には滞在時間が長いと、それだけいろいろな画面を回遊しているのでSVは上がっていきます。このSVを上げることで、広告をタップする回数、特定の重要なボタンなどをタップする回数が総合的に上がっていくので、KGIを達成するための大事な指標の1つになり

ます。

CTR

CTR（Click Through Rate）は、広告の表示回数に対するユーザーの広告のタップ数の割合を示します。広告収益が重視されるアプリにおいては、SVとCTRを増やすことで広告の収益が増えていきます。

ARPU ／ ARPPU

ARPU ／ ARPPUは、課金サービスなどのユーザーがお金を直接サービスに支払う場合に、よく利用される指標です。これらの数値を上げていくことで、全体の売上の増加につながっていきます。

ARPU（Average Revenue Per User）

1ユーザーあたりの平均売上です。

「売上／全ユーザー数」で計算がされます。

たとえば、月間売上が1億円で、ユーザー数が50万人だと、その月のARPUは200円になります。

ARPPU（Average Revenue Per Paid User）

母数を課金しているユーザーに絞った指標となり、課金ユーザーのうち1ユーザーあたりの平均課金額です。

「売上／課金ユーザー数」で計算がされます。

たとえば、月間売上が1億円で、課金したユーザー数が10万人だと、その月のARPPUは1,000円になります。

コンバージョン率

アプリ内で、特定のボタンをタップするなど、特定の行動をすることをコンバージョンと言い、その特定の行動や動作を実施した割合をコンバージョン率と言います。

たとえば、対象となるボタンは、商品をカートに入れるボタン、SNSに共有するボタンなど、サービスによって異なります。アプリごとに大事にする対象を決めていくことで、アプリならではの改善ポイントの発見につなげていきます。

KPIツリー

　こういった数値をツリー構造で整理する作業をKPIツリーと呼びます。KPIツリーを作ることでボトルネックが明確になり、改善のための的確な施策を検討しやすくなります。

　例として、KGIを「広告の売上」に設定した場合のKPIツリーを掲載します。

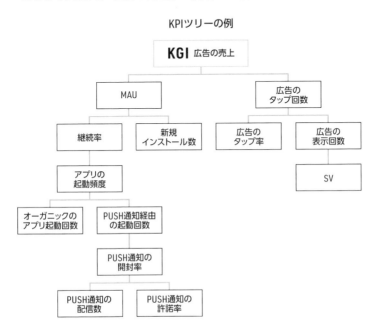

KPIツリーの例

アクセス解析

　アプリ内におけるユーザーの行動を解析して、改善ポイントの発見に役立てます。たとえば、画面内のどこがタップされていて、どこまでスクロールされているかなど、特定の画面におけるユーザーの行動を分析したり、特定のフロー（ユーザー登録導線・購入導線）の中で、どこで離脱してしまったのかを分析することで、UI/UXの改善点を見つけ出したり、仮説が正しかったのかなどを検討していきます。

　たとえば、ユーザーの新規登録導線を分析する場合は、そのフローのどこでユーザーが離脱をしてしまっているのか（離脱率）を確認し改善することで、新規登録の完了率が上がり、会員数の増加につながっていきます。たと

えば、次の例をみると、規約同意画面とユーザー情報登録画面で多くのユーザーが離脱していることがわかります。

新規登録導線の離脱率の確認の例

マジックナンバー

　マジックナンバーとは、たとえば「最初の1週間で3回以上起動すると、30日後のアプリの継続利用率が80%を超える」といったユーザーが特定のアクションを一定回数以上行うと、そのサービスが重要視しているKPIが飛躍的に向上する、ということを特定する手法です。

　マジックナンバーで最も有名な事例の1つはX（旧Twitter）です。過去にXでは、「利用開始の初日に5人以上フォローしたユーザーは継続率が高い」というマジックナンバーを見つけて、初回登録時にオススメのユーザーをレコメンドして5人以上のフォローを必須にしたことがありました。

　マジックナンバーが発見できると、その関連する施策に優先度を上げて取り組めるため、たとえば「最初の1週間で3回以上起動すると、30日後のアプリの継続利用率が80%を超える」ということが発見できていれば、「どうすれば、最初の1週間で3回起動できるか」を考えます。そして、PUSH通知をうまく活用したり、最初の1週間だけポイントなどのインセンティブをプレゼントする、といった最初の1週間以内に3回以上アプリを起動してもらう施策の実施につなげていきます。

5 3 A/Bテスト

実際にユーザーに触れてもらって比較する

　アプリやWebサイトにおいて、特定のコンバージョン率を上げるために、具体的な変更案を一部のユーザーに触れてもらうことで、今までと比べて本当にコンバージョン率が上がるのかを事前にテストする手法を「A/Bテスト」と言います。

A/Bテストで仮説を検証する

　たとえば、重要なボタンの色や位置を変更した案を2パターンほど用意して、その2パターンと現状のままのパターンの合計3パターンを、同じ期間内でランダムにユーザーに表示し続けます。そして、2週間程度待ってから一定以上のサンプル数が確保されたことを確認して、最もコンバージョン率が高かったパターンを確認します。

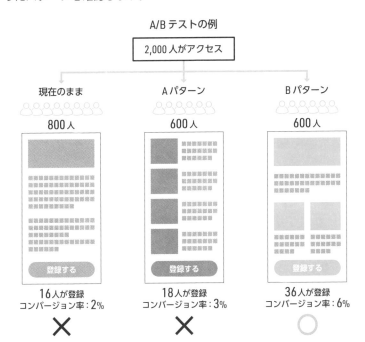

A/Bテストの例

2,000人がアクセス

現在のまま　　　　Aパターン　　　　Bパターン

800人　　　　　600人　　　　　600人

16人が登録
コンバージョン率：2%
✕

18人が登録
コンバージョン率：3%
✕

36人が登録
コンバージョン率：6%
〇

A/Bテストの結果、最もコンバージョン率が高かったパターンを採用して、画面の改修を実施します。

　A/Bテストのメリットは、リニューアルなど大掛かりなことをせずに、最低限のコストでテストできる点です。UI/UXの改善は、仮説の連続ですが、その仮説を検証できる環境は大いに利用すべきです。

ニュースアプリの場合のA/Bテストの例

　たとえば、今回のニュースアプリであれば、ニュースの一覧を表示する際のレイアウトパターン（レイアウト、文字の大きさ・太さ、画像の大きさなど）をテストすることで、記事がタップされる確率を増やし、アプリ内の回遊率を高めてSVや利用時間の増加につなげる、といったことを実施していきます。

A/Bテストするレイアウトパターンの例

ユーザビリティテスト

実際に操作しているところを観察する

ユーザビリティテストは、実際の被験者を集めてその方々に実際にアプリやWebサイトを操作してもらうことで、問題を見つける方法です。

実際の操作を観察することで、データでは見えないユーザーの操作（迷いなど）や思考（何を考えているのか）を理解し、発見することが目的です。

ユーザビリティテストの様子

具体的な流れを解説します。

STEP1 目的とシナリオの設定

ユーザビリティテストを行う目的と、それを評価するためのシナリオを設定します。

たとえば、「商品購入プロセスにおける課題を見つける」ということが目的であれば、「アプリ上で商品を探してもらい、選んでもらって購入してもらう」というシナリオを、評価するためのシナリオとして設定を行います。

STEP 2 　被験者への説明とお願い

　被験者の方には、目的は説明せずにやってもらいたい操作についてのみ説明を行います。この時に、より具体的なイメージを持ってもらうために、たとえば「もうすぐ夏なのでTシャツを買おうと思ってこのアプリを立ち上げた」といった設定を伝えることで、被験者の方もスムーズに操作を行えるケースがあります。

　また、被験者の方には、操作の際に心の声を口に出すようにお願いをします。たとえば「どれにしようかな」「あ、これいいかも」「この値段なら平気かも」といった普段は心の中で思っている言葉を口に出すようにお願いします。これは、ユーザーの操作とその際の思考を把握し、課題点を抽出するためのものです。

STEP 3 　操作してもらう

　被験者の方に、実際に操作してもらい、それを観察し気になったことをメモしておきます。観察中は、声をかけずに操作が終了するのを待ちます。

STEP 4 　質問をする

　操作が完了した後は、まずは実際に操作してみたユーザーの感想を聞き、それを深掘りしていきます。

　次に、観察時に気になった部分があれば、あの時、なぜその操作をしたのか、なぜそう思ったのかを質問し、ユーザーの思考を明らかにしていきます。

STEP 5 　課題を整理する

　これらのテストを複数人に実施した後、特定の人に依存する問題なのか、一般的な問題なのかを見極めながら、操作における課題の共通項を整理していきます。

STEP 6 　改善策を検討する

　課題点が抽出できたら、改善策を検討して実行に移していきます。

ユーザビリティテストを利用した改善例

自分のご利用状況
（電気料金や使用量）
の詳細画面に遷移
してもらいたい

改善前　　　　　　　　　　　　　　　改善後

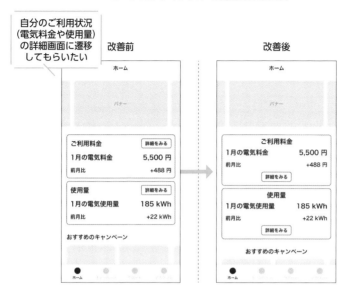

インタビュー結果
「詳細をみる」というボタンに気
づかなかったユーザーが多いこ
とが判明

修正内容
「詳細をみる」を各エリアの下部
に移動することで、自然に目に入
るように修正

結果
詳細画面への遷移率が上がった

5

4

ユーザビリティテスト

ヒューリスティック評価／エキスパートレビュー

UI/UXの専門家による評価

アプリやWebサイトのユーザビリティを評価する方法の1つとして、ユーザビリティの専門家が経験則（ヒューリスティックス）に基づいて評価し、その問題点を抽出して改善案を検討するという方法があります。

ユーザビリティテストの場合は、被験者を集めたり、実施に時間がかかるのに対して、こちらは最小限の人数（3〜5名程度）だけで短時間で実施を行えるため、素早くそのプロダクトの課題や改善案をまとめることができます。

ここでは「ヒューリスティック評価」と「エキスパートレビュー」について紹介します。

ヒューリスティック評価

本書で何度か登場している「ヤコブの法則」を提唱したユーザビリティ研究の第一人者であるヤコブ・ニールセン博士によって1990年に提唱された評価手法で、現在でも多くのプロダクトで活用されています。

ヒューリスティック評価の目的は、そのソフトウェアのUI/UXにおける課題をユーザー視点で素早く洗い出し、解決策を講じることでユーザビリティを向上させ、さらにはそのソフトウェアのKPIの上昇に寄与することです。

ヒューリスティック評価は、ニールセンが提唱したユーザビリティにおける10の原則に基づいて実施されます。この原則はヒューリスティック評価をする時だけではなく、UI/UXを設計する時に大いに役に立ちます。

① システム状態の可視化

システムの状態を適切にユーザーに表示しなければいけません。現在システムがどのような状態なのかをユーザーが理解できるようにします。

② システムと現実世界の一致

専門用語やビジネス用語などではなく、ユーザーに馴染みのある一般的な

言葉や概念を用いて設計・デザインを行うべきです。

③ ユーザーへの制御の主導権と自由の提供

　ユーザーは誤った操作してしまうことがありますが、その場合は誤った操作の撤回や中断をできるようにしなければいけません。

④ 一貫性と標準化

　UIで利用される表現は一貫性を保ち、標準的な表現や操作方法に沿って設計を行うことでユーザーの学習を容易にします。

⑤ エラーの防止

　画面上でエラーが発生しないように事前に設計を行います。エラーが起きた場合に適切な対処方法を提供することは大切ですが、それ以前にエラーを防止するような仕組みや表示を行います。

⑥ 記憶に頼らず認識させる

　ユーザーの記憶に頼るのではなく、必要な情報を必要な時に適切に表示することで、ユーザーの記憶負荷を最小限に抑えます。

⑦ 柔軟性と効率性

　利用者を初心者から上級者までを想定し、それぞれに適した設計を行います。初心者には適切なサポートを行い、上級者には操作の高速化が行えるようにし、ユーザーの習熟度に合わせて効率的に利用できるようにします。

⑧ 美しくシンプルなデザイン

　UIには関係のない情報や必要性の低い情報は含めないようにし、余計な装飾は避けるようにします。余計な情報や装飾が多いと、本来必要な情報の視認性が低下してしまいます。

⑨ ユーザー自身でエラーを認識、診断、回復ができる

　エラーが起きた際は、原因と対処方法をわかりやすく表示することで、ユーザーが素早く問題を理解しユーザー自身で問題を解決できるようにしなければいけません。

⑩ ヘルプとマニュアルの準備

　本来は、ヘルプを見なくても利用できることが大事ですが、いざという時にユーザーをサポートするヘルプやマニュアルを用意する必要があります。これらのドキュメントは、検索しやすく、かつ、ユーザーのタスクに焦点を当てた簡潔なものであるべきです。

エキスパートレビュー

　ヒューリスティック評価を拡張したもので、10個の項目だけではなく、専門家の多角的な経験に基づいて評価を行います。アプリやWebサイトを実際に操作し、ユーザビリティ上の課題を短期的に見つけていきます。

　私たちの会社では、ヒューリスティック評価よりも柔軟に評価ができるため、エキスパートレビューを実施することが多いです。その方法を紹介します。

STEP1　評価の目的を設定する

　アプリ全体の評価を行い改善点を導き出すのか、それとも、特定の箇所について深掘りした評価を行うのかなどについて、評価の範囲や目的について設定します。

STEP2　ミッションの定義

　評価の対象とするユーザーがアプリ上で達成すべきミッションを選定します。ミッションは、1〜4個程度に絞って定義します。

　たとえば、次のような具体的な内容です。

- ユーザー登録を行う。
- ○○を購入する。
- メッセージを送る。

STEP3　各ミッションの評価

　そのミッションを達成するための導線を操作し、操作の弊害や離脱の要因となる要素を抽出します。

各画面の課題ももちろんですが、一連のフローの操作という視点で見ていきます。

初回起動フローの評価の例

アプリの初回起動時のウォークスルーについて

知らないと使えない内容ではないので、最初にわざわざ見せる必要がないと思います。ユーザーは、早く使ってみたいと思っているので、不要と感じます。また、5画面というのも、とても長く感じます

必要ではない「ログイン」が強調されており、「ログインしないと使えない」という誤解を与えかねません

STEP 4 **各画面の評価**

　評価対象となる画面の表示を確認し操作も行い、先ほどのようなフロー全体としての問題ではなく各画面の細かい課題を抽出していきます。

クーポン画面の評価の例

クーポン画面について

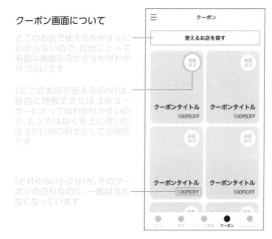

どこのお店で使えるかがすぐにわからないので、自分にとって有益な画面なのかどうかがわかりづらいです

「どこのお店で使えるのか」は、最初に理解できたほうがユーザーにとってはわかりやすいので、右上ではなく左上に置いたほうが目線の動きとして効果的です

「どれぐらいトクか」が、そのクーポンの売りなのに、一番目立たなくなっています

そして、抽出された課題を次の12のカテゴリに分類していきます。

課題カテゴリ	説明
基本設計	アプリの基本方針・根幹設計に問題がある
一貫性	一貫した考え方・表現ではない
操作性	ユーザーの操作性に問題がある
視認性	視認性・可読性・一覧性などに問題がある
アクションの想定	ユーザーがアクションを想定できない
情報表示	情報が不足している・説明が足りない
コンテンツ	表示されるコンテンツに問題がある
ワーディング	表示される文言の表現に問題がある
機能の最適化	機能が最適に設計・実装されていない
デザイン	ビジュアル表現に問題がある
インタラクション	アニメーション表現に問題がある
パフォーマンス	アプリの快適性に問題がある

次に、抽出した課題への対応の優先度を3段階で評価します。

優先度	説明
高	目的が達成できない、もしくは、その可能性がある
中	不満を覚える、もしくは、サービスの質を上げるのに不可欠
低	このままでも困らない

最後に、課題を集計し、このアプリの課題の傾向を確認します。

UX 集計結果の例

課題カテゴリ	優先度:高	優先度:中	優先度:低
基本設計	3	3	12
一貫性	0	0	14
操作性	0	3	18
視認性	0	1	13
アクションの想定	0	1	9
情報表示	0	3	16
コンテンツ	0	0	7
ワーディング	0	1	18
機能の最適化	0	0	2
デザイン	0	0	73
アニメーション	0	0	0
パフォーマンス	0	0	0
合計	3	12	182

STEP 5 改善計画の検討

　どういう手順で改善していくかについて、実施する順番を整理して、優先度の高いものから具体的な改善案を検討し、実行に移していきます。

クーポン画面の改善案の例

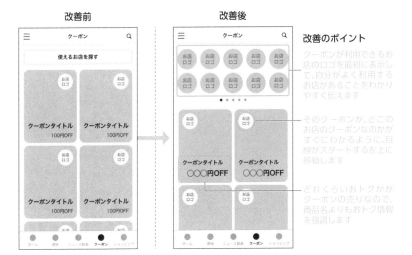

改善前　　　　　　　　　改善後　　　　改善のポイント

クーポンが利用できるお店のロゴを最初に表示して、自分がよく利用するお店があることをわかりやすく伝えます

そのクーポンが、どこのお店のクーポンなのかがすぐにわかるように、目線がスタートする左上に移動します

どれくらいおトクかがクーポンの売りなので、商品名よりもおトク情報を強調します

5 6 ワークショップ

運営者の考えを整理するワークショップ

これまで紹介した改善方法は、データ視点（データ分析など）、ユーザー視点（ユーザビリティテストなど）、専門家視点（ヒューリスティック評価など）ですが、最後に紹介するのは、運営者視点による改善方法の抽出です。

当然ですが、アプリやWebサービスを運営する人たちの意見はとても大切です。運営している人たちは、そのサービスを最もよく理解し、最もよく考え、最も愛している人たちです。ずっとそのサービスを運営していると、どうしても偏った目線で見てしまうため第三者による視点は重要ですが、運営者の考えを抽出することも大切なプロセスです。

今回紹介する方法は、プロジェクトの運営に関わる5人〜10人程度の関係者が集まり、議論する際の手助けとなるワークショップの活用です。

最終的には、優先すべき課題とそれを解決するための施策を導き出すことをゴールとします。

● ワークショップで活躍する便利なツール

ワークショップは、皆が集まって行う場合は会議室でホワイトボードや付箋を使って行い、オンラインで行う場合はFigJam（https://www.figma.com/ja/figjam/）やMiro（https://miro.com/）などのオンラインコラボレーションツールを使って実施します。

ワークショップを行うことで、プロジェクトチームの議論が活発になり、チームとしての結束力の向上や、同じ考え方の価値観を持って今後プロジェクトの進行ができるというメリットもあります。ワークショップの方法は決して1つではありません。今回紹介するのは標準的な方法の1つです。

オンラインツールを使ったワークショップの例

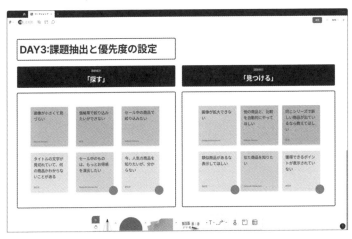

全体の戦略やUXのゴールなどを確認する

　ワークショップを開催する前に、事前の準備を行います。はじめに、現時点の運営の方針や、UI/UXのコンセプト／ゴール、ペルソナ像などについての確認を行います。

　議論をしていく上で、それぞれの前提が違うと議論が噛み合わなくなるので、ワークショップに参加するメンバーの共通認識を整理します。

議論しやすいテーマとそのゴールを設定する

　次に、議論がしやすいテーマの分け方を考えます。

　たとえば、アプリ内で行われるユーザーの行動のステップに合わせます。お買い物するアプリであれば、「探す」「見つける」「比較する」「購入する」といった4つのテーマを設定します。

　そして、テーマごとにあるべき姿としてのゴールを設定しておきます。たとえば、「探す」であれば、「目的の商品をスムーズに見つけられる」などです。

　各テーマの目的をゴールとして置くことで、そのゴールに対する課題を洗い出しやすくなり、議論の方向性を整理しやすくなります。

次の STEP からは、実際にプロジェクトメンバーが集まり、実際にワークショップを行っていきます。

STEP 3 課題を洗い出す

1テーマあたり30分などと時間を決めて、ワークショップの参加者がそれぞれ課題を書き出していきます。数に上限はなく、時間のある限り出していきます（もし、テーマの幅が大きすぎれば、事前にテーマを分解してサブテーマを作り、サブテーマごとに課題を抽出していきます）。

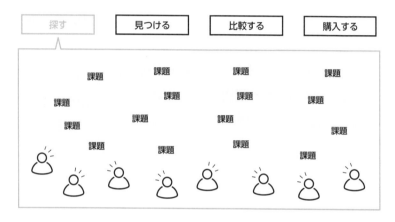

制限時間を過ぎたら、参加者一人ひとりが記載した課題を自分で発表し説明していきます。必要に応じて議論も行っていきます。ワークショップにおいて、このプロセスが最も重要です。それぞれが自分の考えを持ち、それをみんなで議論をすることで、プロジェクトとしてどの方向性に進むべきかがぼんやりと見えてきます。みんなが、何を重視しようとしているのかの傾向もわかってきます。

説明と議論が終わったら、課題をグループ分けしたり、重複している課題があれば1つにまとめるなどして整理します。

STEP 4 優先して対応する課題を選定する

　次に、1人あたり1〜3票程度（課題の数によって調整）を、自身が解決すべきだと思う課題に全員で投票します。

※FigJamやMiroなどのオンラインツールでは、投票もできます。

　そして、得票数が多かった課題の上位1〜3件程度（課題の数によって調整します）を、そのテーマで優先して取り組むべき課題として選定します。

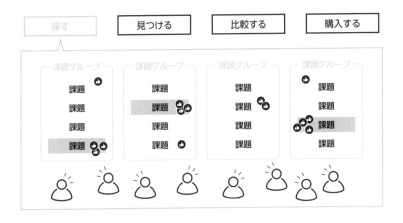

　また、投票結果とは別に優先すべき課題がないかをワークショップ内で確認し、あると判断した場合はそれを優先すべき課題に追加します。

STEP 5　対応する課題を解決するためのアイデアを創出する

　今度は、課題ごとにそれを解決するためのアイデアを、課題の時と同じように参加者一人ひとりが出していきます。このタイミングでは、絶対に実現できないとわかっているものを除いて、技術的な制約にはあまり縛られずに出していきます。

　アイデア出しは、1課題あたり15分程度を目安に行っていきます。3課題まとめて30分などでもいいでしょう。

※時間が足りなかった場合は、設定した時間を迎えたタイミングで5～10分ほど延長します。

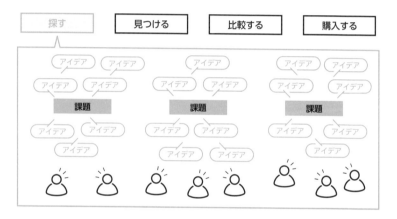

　時間が経ったら、課題の時と同じように参加者一人ひとりがアイデアを発表し説明を行い、必要に応じて議論も行っていきます。議論が終わったら重複しているアイデアがあれば1つにまとめていきます。

STEP 6　実施するアイデアを選定する

　課題の投票の時と同じように、1人あたり1～3票程度を、自身が実施すべきだと思うアイデアに投票を行います。そして、得票数が多かったアイデアの上位1～3件程度をその課題で解決するための施策として選定します。

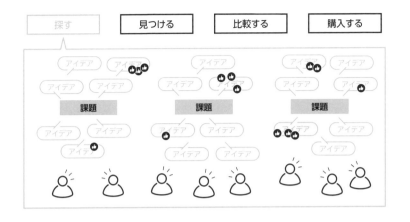

STEP7 STEP3〜6をテーマごとに繰り返す

　STEP3〜6をテーマごとに繰り返します。その結果、4テーマであれば、テーマごとに3つの優先すべき課題が抽出され、さらに、課題ごとにそれを解決するための3つの施策が集まることになります。

　つまり、4テーマ×3課題×3施策で、36個の施策が集まることになります。

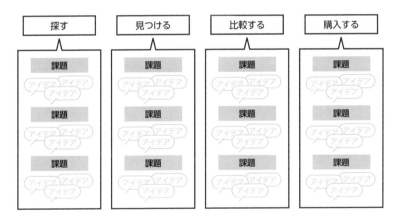

STEP8 議論された内容をもとに、今後の方向性の整理を行う

　これまでのSTEPでワークショップで議論しながら課題やアイデアを整理していくと、たとえば、「初心者向けのケアを強化していく」「何度も利用したくなるようにする」など、選ばれたものは同じ方向性を向いたものになっ

ていることが多いです。

　それが、今後のしばらくの改善の方向性を示す言葉になるので、最後に全員で共有して認識合わせを行います。

STEP9 **施策ごとの優先順位を整理する**

　各施策の開発コストや実現可能性などの精査を行い、各施策の優先順位を決めて、上から順番に実行に移していきます。

ワークショップで大切なこと

　ワークショップには、多くの人が参加するため、その準備やファシリテーションはとても大切になってきます。ワークショップを行う上で、いくつか大事なポイントがあるので紹介します。

議論しやすい環境を整える

　議論を行っていく上で前提条件が違っている（例：ペルソナのイメージが個々で違う、など）と、考えるスタート地点が変わってしまうので、しっかりと前提条件を揃えることが必要です。また、議論のテーマが漠然としていると、議論が発散してしまい収集がつかなくなることがあるので、ある程度は範囲を狭めたほうが議論が活発になる傾向があります。

　事前にリハーサルを行っておくと、前提条件やテーマの範囲に問題があるかどうかを確認することができます。

全員が平等に自分の意見を言える雰囲気を作る

　ワークショップでは、若手から中堅や管理職まで多くのプロジェクトメンバーが揃いますが、今回紹介した方法のように、参加者全員が感じている課題やアイデアを発表する機会を作っていきます。普段は、上司の顔色を伺って自分の意見を言えない人も、ワークショップでは上下関係はなく全員が同じ立場で意見を出し合えるため、今までにない新しい意見を得ることができます。課題やアイデアの投票も、オンラインツールによっては匿名で投票できるので、上司の顔色を伺う必要もありません。

当事者意識と共通認識が生まれる

　ワークショップの一連のステップに参加し、自分の意見や意思を表示して議論に参加することで、プロジェクトメンバーの一人ひとりに当事者意識が生まれていきます。これまでは言われたことをやっていただけの人も、自分自身の存在意義を確認することができ、よりプロジェクトへのモチベーションが高くなっていきます。また、ワークショップ内で行われる議論の場には、プロジェクトメンバー全員が参加しているので、そこで行われた判断の理由なども理解されるようになります。そして、今後の方向性や施策をやる意味に対する共通認識が生まれるので、スムーズにプロジェクトを進めることができます。

リニューアルをするタイミング

　サービスをローンチすると、これまで紹介した方法などを通して、サービスの改善を繰り返していくことになります。

　長くサービスを運営していくと、「リニューアルするべきか」を検討するタイミングが必ずやってきます。ここで言う「リニューアル」とは、UIを刷新して開発し直して世に出すケースです。多くの場合は次の3つの理由のいずれかに分類されることが多いです。

　　① デザインのトレンドが古い
　　② 現在の設計が、今のサービスの方向性に合わなくなってきた
　　③ システムが複雑になってきた

リニューアルは運営者の都合であり
ユーザーが離れるリスクがある

　リニューアルで大事なことは、多くの場合、それは運営者の都合であるという点です。そのプロダクトの品質が極端に悪いという例外的なケース以外、実際はユーザーは今の状態に多少の不満がありつつも満足しています。そういったユーザーにとっては、急にある日、使い方やUIが変わることは新たに学習が必要になりユーザーに負荷をかける行為になるため、場合によってはそのユーザーはサービスから離れてしまいます。

　つまり、リニューアルというのは、とてもリスクのある行為となる場合があります。

　サービスを改善して機能の改修やUIの改善を行っていく中で、必ずどの施策にも、そこに不満を感じるユーザーは少なからずいます。ただ、それらが解決すべき不満なのか、そうではないのかを慎重に見定めていく必要があります。すべての不満に対応してしまうと、逆に使いづらいサービスになっていくこともあります。リニューアルすると炎上するプロジェクトも多いので、注意が必要です。

システムが複雑化している時は
UI/UXを見直すタイミングの1つ

　よくある理由の「③システムが複雑になってきた」という時は、多くの場合は、そのプロダクトのやりたいことが多様化し、機能が複雑化したことが要因であるため、そのタイミングでUI/UXもあらためてそのプロダクトをやりたいことを再整理することがオススメです。その場合は、コンセプト・設計・機能・UI・デザイン・開発と、リニューアルの範囲が大きくなっていきます。

　リニューアルを実施する場合は、多くの場合は、現在公開中のサービスの改善作業は一時的にストップして、リニューアルに予算も人も集中していきます。

段階的なリニューアル

　その一方で、「①デザインのトレンドが古い」「②現在の設計が、今のサービスの方向性に合わなくなってきた」というケースにおいては、一気にリニューアルするという方法が必ずしも一番いい方法とは限りません。

　改善をしながら段階的にリニューアルができるのであれば、それが、最もユーザーにとってはストレス負荷が少なく、大きな炎上もせずにリニューアルを成功できる方法の1つとなります。

　最初に、大きなリニューアルの方向性を描き、優先順位をつけて計画を立てます。その一方で日常的な改善や新しい機能の搭載なども行っていくので、当然、単純にリニューアルするだけよりも時間はかかりますが、リニューアルという大きな仮説を段階的に検証できるというメリットもあります。その検証結果に対する改善も素早く対応しやすくなります。

私たちの会社が担当させていただいたプロジェクトの1つで、会員数が9,000万人以上もいる「dポイントクラブ」の公式アプリがあります。このプロジェクトでは、ご相談をいただいてから2年以上かけて段階的なリニューアルを実施し、大きなハレーションもなく全体の数値も好調に推移できました。

dポイントクラブアプリの例

2020年3月

2022年6月

ベストなリニューアル計画

　ぜひ、サービスのリニューアルをするのであれば、「運営者視点のリニューアル」と同時に「ユーザー視点のリニューアル」という観点で、誰にメリットがあるのか、リスクがないかを検討しながら、ベストなリニューアル計画を立てていきましょう。

おわりに

　最後に、ここまで読んでくださった方に、UI/UX業界で今まで以上にご活躍をされていくことを祈って、アドバイスをさせていただきます。

プロジェクトの計画は、最初が大事

プロジェクトの性質を見極める

　多くのプロジェクトを担当させていただいて思うのは、プロジェクトを始める前の計画の重要性です。UI/UXのプロジェクトといっても、進め方はケースバイケースです。今回のニュースアプリのようなプロジェクトもあれば、よりプロトタイプ思考のプロジェクトもあります。ユーザー調査により時間をかけるべきプロジェクトもあれば、それは行わずに、エキスパートレビューのみを実施し、UIの設計により時間をかけるプロジェクトもあります。

　プロジェクトをより良いゴールに導くためのプロジェクト計画を作るには、関わる人に対するヒアリングを行うこと、そして、このプロジェクトにおいて最も議論が必要なところや検討が難しいところを見極めることです。

プロジェクトメンバーを考慮する

　プロジェクト計画を立てる際は、クライアント側のプロジェクトチームがどういう方々なのかを把握することも大切です。たとえば、相手方のプロジェクト責任者が、アプリの開発が初めての場合は、より丁寧なプロジェクト進行や事例の紹介、ユーザー調査の実施など、より納得のいくアプローチを用意することが効果的です。

プロトタイプを活用する

　今まで事例があまりないようなものを作る場合は、実際に動くものや形になっているもののほうがイメージしやすく、発見や気づきが多く得られて議論も活発になります。その場合は、プロトタイプを量産しながらそれをブラッシュアップする方法がいい結果を生み出していくことが多いです。

プロジェクトの進め方の例

　私たちの会社で行っているプロジェクトは、大きく次の4つに分けることができます。

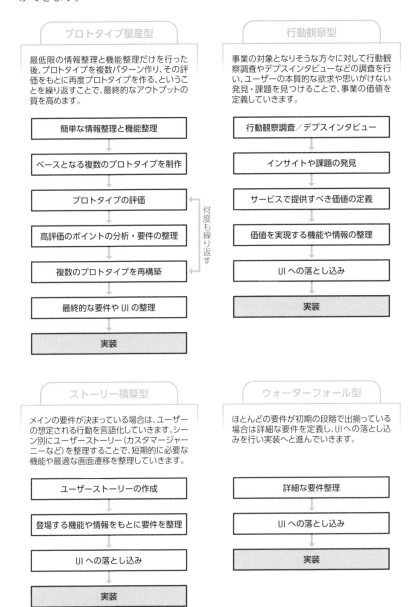

そして、プロジェクトの特徴や、プロジェクトチームのメンバーの特徴、そして予算と期限に合わせて、最も適した計画を作っていく必要があります。

UX よくあるプロジェクトの流れの例

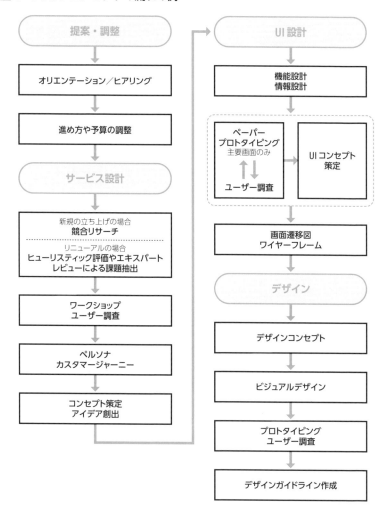

計画の見直し

　もし、プロジェクトの途中で、計画を変えたほうが良い結果が出ると感じたのであれば、柔軟に計画を変更することも大切です。UI/UXの検討はプロセス次第で時間も費用もアウトプットも変わってきますが、よりよいUI/UXを見つけるためにプロセス自体のブラッシュアップを続けていきます。

6つの観点を意識する

　今回、いろいろな視点や手法を実践・紹介させていただきましたが、サービスを改善していく際のUI/UX設計において、常に意識しなければいけないと私たちが考えていることは、次の6つの観点です。

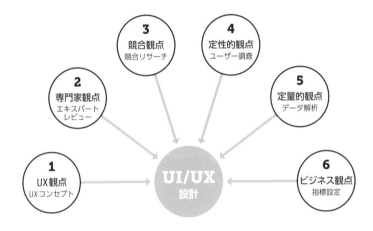

6つの観点

　1つ目は、UX観点におけるコンセプトやゴールです。サービスの検討をしていく上の判断軸なので根幹となります。

　2つ目は、専門家観点。エキスパートレビューを通して、既存のアプリやWebサイトはどこに課題があるのかを迅速に見つけます。

　3つ目は、競合観点です。業界を知ることも大切ですが、競合サービスの特徴、真似すべきところ、真似すべきではないところも把握して、自分たちのサービスをより良くしていく材料を持つことも大切です。

　4つ目は、定性的観点としてのユーザー調査です。デプスインタビューやユー

ザビリティテストなどを通して実際の「人」に触れることで、今まで発見できなかった洞察を得ていきます。

5つ目は、定量的観点としてのデータ解析です。ユーザーは実際にどう使っているのか、課題となる画面はどこか、そういったことを数値から見つけ出しピンポイントで直していきます。

6つ目は、ビジネス観点としてのKPIなどの指標です。多くのプロジェクトは、KGI／KPIが達成できないとプロジェクト終了をする可能性が出てきます。それらの指標をどう向上させて達成していくかを、UI/UX視点で施策を考えて実行していきます。

仮説の精度を上げる

UI/UXを検討する時は、多くの仮説を積み上げていきます。しかしながら、その仮説に不安な時が誰しも必ずあります。そのような時は、これらの6つの観点で検討ができているのかを見返してみてください。もし、まだ実施していない観点での検討があれば、それを実施することで、その仮説をより精度の高い仮説へと進化をさせてくれます。精度が高くなることで、相手への説明もきっと胸を張って行えるようになっていきます。

日々のインプットをとにかく増やす

成長の近道

UI/UXにおいて短期的に成長する方法は、とにかく多くのアプリやWebサイトに触れることです。

今回のニュースアプリでは、例として「Yahoo!ニュース」アプリを例に分析を行いましたが、こういった分析を繰り返すことで、日本中そして世界中の優秀なUI/UXに関わる人たちの思考に触れられます。

それは、きっとあなたの思考の引き出しに大いに役立つはずです。また、似たようなサービスを比較することで、違った視点を持つこともできます。たとえば各SNSで、ユーザーの投稿にコメントを促すためにそれぞれが行っている仕組みは何か、最も大事なユーザーのアクションは何か、そのためにどういう施策を行っているのか。考えれば考えるほど、多くの分析ができます。それらを蓄積していくと、いざ自分が新しいプロジェクトのUI/UXに立ち向かう時に、「こうあるべきだ」という思考を後押ししてくれるものにな

ります。

使ってみることで得られる発見

　時々、「私、Facebookは消しました」などと言っているUI/UXデザイナー
の方がいますが、非常にもったいないと感じます。世界中に多くの利用者が
いるアプリにはきっと世界で有数のUI/UXデザイナーが働いているはずです。
その方々の作品に触れる機会があるのにそれを自ら捨てるというのは、大き
な機会損失です。有名なアプリや話題のアプリは、自分の能力を高めるもの
だと思って強制的に使ってみましょう。そして、そのアプリのコア機能（投
稿する・購入する）などは、実際に使ってみてください。見ると使うでは、
天と地の差くらい得られるものが違います。たとえば、ライブ配信で投げ銭
をしたことがなければ、試しに投げ銭をしてみて投げ銭する人の気持ちを感
じ取ってみましょう。きっと自分が当事者になることで、大きな発見がある
はずです。

UI/UXのオタクになる

　少なくても現在流行っている、もしくは話題になっているアプリはすべて
利用し、それぞれの設計思想や特徴くらいは、頭に入れておきましょう。特
定の分野の仕事をするのであれば、その分野の主要なアプリやWebサイト
は一通り体験していなければいけません。そこまで難しい作業でもなく、時
間もかかりません。それらの体験は、そのままあなたの引き出しになり、必
ずあなたの大きな助けになります。

　ぜひ、UI/UXのオタクになってください。そして、そうやって感じたこと
や知ったことを周囲の人とディスカッションしてみてください。

プロになろう

プロのUI/UXデザイナーとは何か

　UI/UXデザインの仕事というのは、資格を取って行う職業ではありません
が、特定非営利活動法人人間中心設計推進機構（HCD-Net）が、「人間中心
設計専門家」認定制度を行っています。認定制度については次の通りです。

> HCDの専門家に必要とされる「コンピタンス」を明らかにして、そのような能力を満たしている人を認定します。
>
> 使いにくいプロダクトやサービスはまだまだ数多くあり、これらに対して、HCD的活動を推進するための「専門家」が必要です。HCD-Netはそうした活動を実践できるコンピタンスを備えた人物を専門家として認定し、HCD活動の活性化を目指しています。

出典：HCD-Net https://www.hcdnet.org/

この認定制度は、実務経験の年数に応じて、「人間中心設計専門家（認定HCD専門家）」「人間中心設計スペシャリスト（認定HCDスペシャリスト）」の2つの認定を行っています。2024年1月現在、Webサイト（https://www.hcdnet.org/）を見ると、約1,900人の方が認定を受けているようです。

特定非営利活動法人人間中心設計推進機構（HCD-Net）

ただ、UI/UX業界で活躍をされている方が皆この認定を受けているかというと、決してそうではありません。私自身も受けていません。

つまり、「私はUI/UXデザイナーです」といった瞬間から、あなたはUI/UXの専門家として周りから認識されます。周囲からしたら、あなたは、UI/UXについて何でも知っている人、困っていることを解決してくれる人になります。それに常に応え続けることが、プロの仕事です。

期待に応え続ける

たとえば、家電量販店でテレビを買おうとして、テレビコーナーのスタッ

フの方に、「テレビを買い替えたいのですが、メーカーごとの違いを教えて
いただけますでしょうか？」と聞いて「うーん、ちょっとわからないです」
と言われたら、どう思いますか？ インテリアデザイナーの方に、「これくら
いの予算で革のソファを買いたいのですが、オススメを教えてくれませんか？」
と聞いて「持ち帰って検討します」と即答してくれなかったら、どう思いま
すか？「このソファが使いやすいと言われている理由を教えてください」と
聞いて「座ってみると気持ちいいんです」とざっくりとした回答をもらった
ら、どう思いますか？

　つまり、私たちは、相手の肩書に応じてその人のことをその道のプロとし
て接し、それに対して期待している回答が得られないとがっかりします。

　これは、UI/UXデザインという仕事についても同じです。相手は、それを
期待しあなたに対価を払ってくれます。

　「なぜ、ここにボタンを置いたのですか？」「いいねボタンは右に置くのと
左に置くのはどちらがいいですか？」「ローディング中の演出は、どういっ
たものが最もユーザーを待たせないと感じてもらえますか？」「この画面で
目指すべきユーザー体験のゴールはなんですか？」「購入するボタンは、
FIXEDにするとしないとでは、どちらがコンバージョン率は上がりますか？」

　仕事しているとさまざまな質問が飛んできます。それらに対して的確に説
明をすることがプロの仕事です。

多くの経験と挑戦を通して成長を続ける

　最近は、曖昧な答えしかできないのにUI/UXデザイナーを名乗る人が増え
てきています。見た目としてのUIについてしか答えられない人も多くいます。

　もし、あなたが本当にUI/UXの専門家になりたいのであれば、周囲から何
を期待されているかをしっかりと感じ、常に成長し続けなければなりません。

　そのためには、知識量を増やし、失敗を繰り返しながら多くの経験をする
ことが大切です。多くのソフトウェアに触れることで学び、引き出しを増や
し、多くの経験と挑戦を行い、知見を深めていく必要があります。プロジェ
クトの中で、多くの仮説を検証し、自分なりの法則を見つけていきましょう。

　これからUI/UXの分野で活躍をしたい方は、プロとしての自覚を持ち、肩
書に負けない力を身につけるために、ぜひ今まで以上に強い興味と向上心を
持って、UI/UXと向き合っていきましょう。

INDEX

英数字

5W1H	083
A/Bテスト	205
D.A.ノーマン	012
Human Centered Design	012
KGI／KPI	200
KPIツリー	203
PUSH通知	062
UI	011
UI/UX	010, 011, 012
UX	010
UX白書	010
X（旧Twitter）	060

あ行

アイデア	116
検討	119, 131, 150
受容性	156
選定	162
ヒント	122
アイデアシート	158
アクセス解析	203
アプリ分析	047, 048
アプローチ	018
インサイト	071
インタビュー	074
結果分析	160
注意事項	091
内容	082
インプット	026
エキスパートレビュー	210, 212
オブジェクト指向	180
オリエンテーション	014

か行

改善	199
カスタマージャーニー	131
作り方	132
仮説	121
課題	018
価値観の共有	029
企画	116
企業リサーチ	029
競合リサーチ	047
クライアント情報	031
クラスター	077
ゲーミフィケーション	058
検討プロセス	020
ゴール	016
コンセプト	166
コンセプトシート	173
コンセプトワード	172
コンテンツプロバイダ	034

さ行

事前アンケート	078
質問ポイント	090
シナリオ	120
受容性検証	071, 156
心理学	153
スケジュール	022
ストーリー	016, 183
前提知識	034

た行

タスク指向 …………………………… 181
探索型 ………………………………… 074
調査結果 ………………………… 039, 040
　　男女比率 ………………………… 042
　　満足度 …………………………… 041
　　利用メディア …………………… 044
　　利用率 …………………………… 041
定性調査 ………………………… 071, 074
定量調査 ……………………………… 072
データ分析 …………………………… 200
デスクトップリサーチ ……………… 038
デプスインタビュー ………………… 071
読者のコンテンツ化 ………………… 057

な行

人間中心設計 ………………………… 012
ニーズ ………………………………… 071

は行

パーソナライズ化 …………………… 054
ヒアリング …………………………… 031
被験者の選定 ………………………… 087
ビジネスモデル ……………………… 034
ヒューリスティック評価 …………… 210
不満 …………………………………… 119
プロジェクト計画 …………………… 020
ペルソナ
　　作り方 …………………………… 111
　　定義 ……………………………… 110

ま行

マーケットリサーチ ………………… 038
マインドマップ ……………………… 120
マジックナンバー …………………… 204

や行

ヤコブの法則 ………………………… 153
ユーザーインターフェイス …… 010, 011
ユーザーエクスペリエンス ………… 010
ユーザー調査 ………………………… 070
ユーザビリティテスト ……………… 207
優先度 ………………………………… 018
要件
　　洗い出し ………………………… 178
　　グルーピング …………………… 188
要件定義 ………………………… 178, 188

ら行・わ行

リニューアル ………………………… 224
利便性 ………………………………… 131
ワークショップ ……………………… 216

桂信　Makoto Katsura

株式会社エクストーン、取締役。
1983年、東京都生まれ。慶應義塾大学大学院政策・メディア研究科メディアデザインプログラム修了。
在学中の2005年に創業してから現在に至るまで、企業のアプリやWebサービスの立ち上げや改善を多く手がける。一貫したユーザー視点のアプローチで、UI/UXのデザインをしている。

株式会社エクストーン　Xtone Ltd.

xtone

約20年にわたり、さまざまなWebサービスやアプリのUI/UXデザイン・開発に携わっているクリエイティブスタジオです。新規事業の立ち上げやプロダクト開発、既存事業の改善などを、蓄積された知識や経験をもとに最適な手法で実行しています。
グッドデザイン賞、iF Design Awardほか多数受賞。

装丁・組版・作図　　宮嶋章文・鈴木愛未（朝日新聞メディアプロダクション）
イラスト　　　　　　加納徳博
編集　　　　　　　　関根康浩

プロセス・オブ・UI/UX　[UXデザイン編]
実践形式で学ぶリサーチから
ユーザー調査・企画・要件定義・改善まで

2024年5月22日　初版第1刷発行

著　者　　桂　信／株式会社エクストーン
発行人　　佐々木幹夫
発行所　　株式会社翔泳社（https://www.shoeisha.co.jp）
印　刷　　公和印刷株式会社
製　本　　株式会社国宝社

ISBN978-4-7981-8151-6
Printed in Japan